清心志于一事

Purity of Heart Is to Will One Thing

[丹麦] 祁克果 著
谢秉德 译

上海三联书店

习惯靠着高桌站立写作的祁克果

本书中文版译自英译本

Purity of Heart Is to Will One Thing,

translated by Douglas V. Steere,

Harpers & Brothers Publishers, 1938.

目 录

英译者序　007

自序　025

第一讲　绪论：人与永恒者　027

第二讲　悔罪：永恒所差之使者　035

上篇　志于一事的阻碍

第三讲　纷繁世事与高光时刻　053

第四讲　所志出于赏报　069

第五讲　所志出于畏惧　081

第六讲　所志出于自私　101

第七讲　有限度的志善　107

中篇　志于一事的代价

第八讲　随时预备甘受万苦　127

第九讲　暴露回避的问题　147
第十讲　受苦者与医治无效　157
第十一讲　受苦者以聪明揭穿逃避　181

下篇　志于一事的责任

第十二讲　作为听众的责任　191
第十三讲　作为个体的生活　199
第十四讲　志于一事与职业责任　213

第十五讲　结论：人与永恒者　227

英译者序

当生活一帆风顺时，很少有人爱读《约伯记》或帕斯卡尔的《思想录》。然而，若有人正认真检视人生、省察内心，就会觉得这一类书大有必要，因此寻找捧读。

类似地，英语世界无视祁克果足有七十五年之久，最近才愈加热衷于他的著作。祁克果堪称丹麦的帕斯卡尔，他的作品卓有创见，而且几乎是在六年之内（1842—1848 年）集中著成的，这段时间极为高产。他于 1855 年不幸辞世，年仅四十二岁。祁克果影响德国神学整整四十年，最近更有不少风格迥异的人物都宣称受过他思想的塑造，如德国哲学家卡尔·雅斯贝尔斯（Karl Jaspers）与马丁·海德格尔（Martin Heidegger），卡尔·巴特、天主教平信徒思想家西奥多·黑克尔（Theodore Haecker）、耶稣会的普尔兹瓦拉（Pryzwara），以及西班牙哲学家米格尔·乌纳穆诺（Miguel Unamuno）。忽略这样一位思想家，大概不能怪英美宗教哲学界闭目塞听，也不能只归咎于语言屏障。好些来自欧洲大陆及斯堪的纳维亚的人物远不及祁克果重要，却跨越了上述障碍；而早在几十年前，坊间就不乏斯堪的纳维亚文学的优质译本。因此，英语世界从前对祁克果的忽略和如今的日渐热衷，一定另有深层原因。

英奇院长（William Inge）在他的著作《基督教圣徒典范》（*Types of Christian Saintliness*）的结尾，曾如此称赞英美自由神学家："文明的人类就是自由主义者的伟大教会，而他们的'权威'就是文明的人类所拥有的最卓越的判断力。因此，神学自由主义就是将最优秀的伦理、科学和哲学分别为圣，当作上帝为人类所定旨意的彰显或启示。"这一宽泛的自由神学信纲有一套唯心主义理论作为支持，从未认真质疑过上帝心意在人类历史中借着人际与社会关系逐渐启示出来。在富裕繁荣的世代中，让人接受上述信条实在易如反掌，因此绝不需要召唤出一位叛逆的丹麦先知来挑战自由神学的根基性理论。然而，世界大战与随之而来的社会政治经济动荡揭露了人性的本相，被人奉为神明的新经济思想与民族主义更是公然贬抑基督信仰。这些无不迫使自由派省察自己思想的根基，并反省基督教是否只是最杰出的世俗思想的整合或集锦。它真正的生命、权能、革新力量源头何在？它的思想为何处于守势，无法积极、有效地扩展？它对人的要求到底又是什么？正是这种心态，开启了现今英语国家对祁克果这位思想家的兴趣。

《清心志于一事》（*Purity of Heart is to Will One Thing*）是祁克果《造就性讲演》（*Edifying Addresses*）系列译成英文的第一篇，成书于1846年，收录于1847年3月13日在哥本哈根出版的《祁克果造就性讲演集》(*Edifying Addresses of Varied Tenor*)。

从1843年开始，祁克果即开始在《非此即彼》(*Either-Or*）与《人生道路诸阶段》（*Stages on Life's Way*）这两本重要著作中，从内心角度探究人生的两条道路——审美生存与伦理生存，他的见解新颖独到，表达富有戏剧张力，文学史上鲜有人能与之媲美。书中人物描写栩栩如生，细致入微，生动地体现了审美生存与伦理生存。这些作品表明，一个人一旦了解了这两种生存方式真正的含义与后果，就会发现两者最终都不可靠，从而转向信仰生存。《恐惧与战栗》（*Fear and Trembling*)，《重复》（*Repetition*)，《忧惧的概念》（*The Concept of Dread*)，《哲学片断》（*Philosophical Fragments*)，《最后的非科学性的附言》（*Final Unscientific Postscript*)，这些作品都对信仰生存的不同方面进行了论述。

这类作品都没有署名祁克果，而是以笔名出版，其论述委婉，做足了预备工作，目的是要揭露读者目前生活的真相，从而唤醒他们，使他们不再安于现状。

然而，从 1843 年开始，祁克果还同时以真名出版了另外二十多篇造就性讲演。他在这些作品中直抒胸臆，开门见山地切入信仰生存本身，并从内在角度展开探讨。

《造就性讲演》的丹麦文题目 *Opbyggelige Taler* 听来有些古怪，难以吸引现代人的兴趣。“讲演”一词稍显古板，让人想起旧时那种华丽冗长的演说。其实，《清心志于一事》一书，与祁克果这一系列的其他作品一样，绝非通常意义上的讲演。这些《造就性讲演》实际上是从未向听众传讲过的讲章，写出来是要让读者对着自己宣讲。《讲演》理想的受众，是那些读后且能慎思明辨的人。祁克果一生中常对着自己宣读讲章，为此他确信，这种使用讲章的方法极有果效。创作《讲演》时，他总要先把内容逐句地大声宣读出来，方才落笔。《讲演》的笔触语重心长，恳切有力，或许原因正在于此。

这类《讲演》旨在造就或建造生命。丹麦文的“opbyggelig”可直译为“建造”。尽管在序言中他谦称自己没有教导的权柄，也并不以教师身份自居，但祁克果所选用的书名却准确地表达出了他的写作目的。现代人或许更喜欢那些为了娱乐、讲授或刺激读者而写的书，但《讲演》却旨在“建造”。然而，对祁克果而言，建造生命绝不像自家院里加盖一间房或是装修公寓时改换结构那么简单。不是的，他所说的“建造”，需要人们先放弃老地基所带来的安全感，而甘愿付代价、甘愿冒险将其拆毁。生命必须在新的根基上“建造”，并根据全新的房角石来设计、定立余下的建筑。埃克哈特修士（Meister Eckhart）曾说：“好多人只跟救主耶稣走到半路，下半程没能走完。”在当年皇港修道院（Port Royal）的改革中，据说贵族出身的莫雷尔修女（Madame Morel）甘心放弃她所有的奢侈享受，唯独不愿交出她私人小花园的钥匙。这一类信徒无处不在，想为自己至少留下一把“钥匙”；身处游泳比赛，却渴望保留一只脚稳踏池底。祁克果想借《讲演》得着并“建造”的，正是这一类人。他竭力劝勉他们往前游到水深两万米处：在那里，半心半意就必死无疑，唯靠信心才能存活。

这些《造就性讲演》相当发人深省，会“无条件地要求读者立定心意，做出生死攸关的抉择”。《讲演》通常会解读某段经文，如果前几篇《讲演》中已经讲过，也没关系，这一篇中仍会详细分析，娓娓道来，不遗漏任何角度。正如蜘蛛织网，会先布置好承重的几根细丝，然后再从中心开始，沿着这一结构向外一丝一线地编织，直到织好整张网，绝不给闯进来的不速之客留任何逃跑的余地。《造就性讲演》也查出了逃避主义的隐秘形式，曝光了每一种对世俗的妥协，而把读者带入了信仰生存最核心的挑战之中。读这些书需要耐心，但如果读者能坚持读完，生命很少有不受其影响的。

祁克果真切并清醒地认识到，人心会本能地抗拒新观念，尤其是这一观念要求他付诸代价高昂的行动。身为作家，他能体会用恰切的字句表达自己意思的艰难，他还认为，若要再提炼他的文字，好将他要表达的意思注入别人的思想和意志，就更是要难上十倍。因此，祁克果总愿意殚精竭虑地修改他的论述，《造就性讲演》在最终出版前，至少经历过三次修订。

丹麦学者爱德华·盖斯马尔（Eduard Geismar）毕生研究祁克果其人其文。他这样评价《清心志于一事》一书："在我看来，他所有的著作中，这本书是他与上帝关系最自然直接的流露。任何想真正了解他的读者从此书入手，定能受益匪浅。"（《祁克果》，爱德华·盖斯马尔，470页，德语版，Vandenhoeck and Ruprecht，Gottingen，1929）写作这篇《讲演》的目的，是在灵性上预备人行认罪礼，但作者劝勉的对象却不限于去教会守圣礼的信徒。读者做好预备以后，时刻可以在心中行认罪礼。

祁克果思想的核心，在于**个体**（the individual）这一主要范畴。他所有的观点最终都得通过同一道关卡的检验——它能否迫使人面对自己作为个体的主权责任。人必须认识自身固有的责任与整全的人性，不少哲学、政治、宗教理论都疏漏了这一点，而祁克果却一夫当关、万夫莫开，坚守着这一原则，为要护卫个体的人不受任何错误教导的荼毒。

与其他《造就性讲演》一样，在《清心志于一事》的序言中，祁克果同样把作品献给了“那位孤独的个体”（*hiin Enkelte*），然而这本《讲演》却以一种前所未有的坦率，彻底阐明了成为“个体”的意义。在其他很多著作中，祁克果对“个体”的论述都非常委婉迂回，但在这部作品里，他直抒胸臆，甚至用一整章文字锲而不舍地追问，“你是作为一个个体而活着吗?”这个问题反复出现，几乎像是歌曲中的一句副歌。

祁克果似乎想为《清心志于一事》写一篇更长的序言。在原序中，他解释了“致那位孤独的个体”这句献词，强调了个体这一范畴在他思想中的重要地位。后来他在这篇重要序言的基础上有所扩展，又于1847和1849年针对同一主题完成了第二篇序言，还在1855年添加了一篇后记。而作者逝世后于1859年出版的《我的写作视角》（*The Standpoint of*

My Activity as an Author）一书，就保存并补录了这三篇文章。祁克果在文中这样评价《讲演》系列：“凡我署真名出版的作品中，从一开始就会刻意强调**个体**的范畴。这个写作模式不断重复，几乎成了我著作中的老生常谈。因此，针对**个体**的观点并非我后期的发明，而是早已有之。”（《祁克果选集》[*Collected Works*]，第 13 卷，605 页）

这篇题献的序言中，祁克果笔下 *hiin Enkelte* 的含义远超我们口中的“那位个体”（that individual），最接近的翻译应该是“那位孤独的个体”（that solitary individual）。在他的思想中，个体独立于其他人而存在，并独自面对他的命运、呼召、永恒，以及那位将他拣选出来的上帝。

笛卡尔曾试图把“个体的**我**”（the individual *I*）从人的一切其他经验中区分出来，并以此作为他思想体系的起点。他或许找对了方向，但却止步于“个体的我”的思考能力，未能深入探索，这是他的错误甚至罪咎。而祁克果则坚称，思想并不是上帝赐给个体最独特的禀赋。个体自我的真正内核，决定了人的选择、人对自己行为当负的责任，当人的生活无法抵达最高的生存境界，就会涌流出最深的不安与倦怠，还能生发出懊丧与悔改。

但你我却时常伤害这一宝贵内核：容群体不断使之麻木；因繁忙而任其逐渐耗散；为顾及身边琐事而随它逃避本

职，或用仔细挑选的娱乐轮番引诱、使之不再警醒；听凭它用各种“迷药”麻醉能揭示内心真相的痛苦与悔恨；随便它听信错解人性、人的社会地位以及救赎之道的理论，以致它渐渐失落了对自身价值的认识。简言之，以上是驯化人作为个体之责任心的常见形式，作为有思想的人、人类的朋友，如果你对其中任何一种听之任之，就是犯下了终极的背叛！

尼采写道，“人最凶恶的仇敌就在他朋友当中”，而读祁克果的书时，读者会猛然发现，自己内心为了融入社群而接受的每一种妥协，竟都是一个毫无怜悯的仇敌。为要揭露真相，祁克果对读者绝不心慈手软，他宁愿猛药去疴，刮骨疗伤。他坚信，身为作家，他的职责就是剥去人的伪装，迫使人承认某些手段就是逃避，指明哪些路走不通，阻断人的后路，拆毁人在自家宝贵日晷上不断加盖的破棚子，把人从群体中分离出来，敦促人自省，并把一个个独立的个体带到永恒者面前。在那里，他才离开他们，因为负责任的个体必须独自面对永恒者，并选择委身或是逃离，别人无法代替。唯有独自一人时，你我才能面对永恒者，这一刻，我们无法只做理智上的选择，而是必须行动。一旦知晓了可知的一切，掌管意志的责任心还需要主动降服，个体的人必须行动、选择，作出“信心的一跃”。不同的生存之间本就存在质的区别，因此，人若要进入个体生命最深层的现实，就必须通过这唯一的入口。只有借着这信心的一跃，人才能亲历罪咎的除去、认识委身的意义，并领受使人全然得自由的神圣呼召。任何不出于上主的服侍，免不了要人卑躬屈膝。唯有全能者才敢于践行真爱的自制，赐蒙爱者自由，而这不但不贬低、反倒抬高了个体责任心与整全人性的地位。“人担负着成为独立个体的永恒责任，人生中不可少的一件事，就是认识到这一点。”

只有以祁克果这一核心使命为前提，才能理解他对黑格尔哲学思辨与他所在时代社会、政治、教会生活的批判。黑格尔总是倾向于把人的个体性视为某种过渡，或是宇宙发展中的一个短暂阶段。他坚称，个体的人若要实现他真实、具体的伦理价值，就必须与他所在时代的社会、宗教以及政治建制相认同。在黑格尔眼中，人若要得救，就必须委身一系列外在的制度。而祁克果则视之为终极的亵渎，因为黑格尔不但不强调个人的责任心与整全人性，反而邀请人去做他本就执迷的事——跟从群体、大众，并彻底消融于有机的整体中。祁克果相信，对于现代人来说，让自己成为社群中各种关系的集合，实在太轻松惬意了。“无论是谁，只要有一点辩证思维，就能轻易看出（黑格尔的）这一系统无法从内部攻破。从外部来看，也只剩一个意义重大的突破点——‘个体’，这一范畴需要从伦理、宗教、实体存在的角度来重点论述。”（同上，604 页）而祁克果也正是借着**个体**这一颇有创见的范畴批判了黑格尔的思想。

对祁克果来说，所有这些外部的建制，无论是教会、社会还是政治，都掩盖了真正的症结——**个体**亟待觉醒。正因如此，他对路德深感失望，因为后者不慎上了当，仅仅把精力用于反抗教皇、卸下修道院制度及苦修主义的枷锁，却并没有唤醒人去承担代价更高的责任——寻求并委身于上帝的呼召。一场内心的改革亟待开始，而祁克果则自认是这一异象的先知。也正因如此，他对 1848 年左右的众多社会改革深感失望厌倦，而那时，坚信这种外在体制改革能解决人类根本难题的群体突然激增。“未来的每一场改革中，带领者若是真正的改革家，就一定会带头反对这类群体，而不是反对政府”，他在日记中如此反思 1847 年的动荡。后来，托尔斯泰主张与穷人同贫穷，借以更新内心，列宁领导了一场乌托邦式的革命，力图使全体无产者致富，从而开启某种社会救赎。祁克果一定会对这些努力嗤之以鼻，因为这仍是在倚靠外在建制的改变，主要聚焦于“体系层面的整顿”（housekeeping），并未触及更深层的问题。

此外，格伦特威奇（Gruntvig）和他的学派则呼吁重拾北欧传说和过往的荣耀，想借此激发丹麦人的民族自豪感。祁克果却觉得，这很大程度上是在谄媚公众，并且如一剂剧烈的毒药，根本无法医治个体灵魂真正的病症。在他看来，丹麦教会总体上过于舒适安逸，已经耽溺于安乐的小资生活，对这种妥协视而不见，而他们的基督信仰也就沦为了某种悠然自得的宗教生活。对他来说，这类教会与初代的基督教会简直天差地别。

每种宣称能医治群众的灵药、所有向群体兜售的好处，甚至人群、大众这些概念本身，都能引发祁克果所能发出的最激烈的怒斥。因为他深信，个体倾向于逃避他对内在生命强烈渴望与责任的真实追求，而人群和大众则为他提供了最好的逃避之处。人群是掩盖怯懦的化污池，能卸掉人作为个体的责任，纵容人做出决不敢独自尝试的恶行。对某人执行枪决时，开枪的不是一个刽子手，而是好几个。没有一个士兵敢伸手逮捕尊贵的盖乌斯·马略（Caius Marius），但一群兵丁就没有这样的克制。“想想至高无上的基督，再想想已出生与将要出生的所有人类。假设基督正独自一人，而另有一人也单独在那里，忽然走到基督面前吐口水在他身上。如此无畏或胆大包天的人实在前无古人，后无来者，这是事实。然而，一群乌合之众就敢这样做了。人群中的虚假自欺何其可怕。”（同上，594 页）大众精于奉承、助纣为虐、给人定罪、专顾数目、指摘真理，在祁克果看来，这些都显明了人群的虚伪和败坏。他也认为，所谓**社会救赎**，就是拯救整个群体、部落、种族、阶层或国家，实际是一种属灵的背叛。

把人从群体、大众中分离出来，以永恒者来唤醒他的个体意识，这是《清心志于一事》的一个核心主题。在永恒者的宁静注视下，灵魂并无藏身之地。我们最真实的自我，是在上帝面前作为个体的人，与民众的意见毫不相干。祁克果认为，他那一代的人专顾今生，将追求永恒视为多此一举，而他则要提醒人们永恒的权能——使今生变为雪泥鸿爪，并从人群中区分出每一位个体。时至今日，永恒的感召仍能深深触动每一个人：借着个体的回忆、良心、懊悔、独处、某个使命或呼召，唤醒他对自我、自身责任以及个人永恒价值的认识。

在反对大众与群体的论战中，平心而论，祁克果绝不是在标榜某种自命清高的新贵阶层，抑或是要吹捧什么超级精英小团体。“读者需要注意，这里的**大众**并不是指**普罗大众**。求主怜悯，如果信仰之道也沦落到把平等的人分成三六九等、厚此薄彼，那将何其可怒可叹！不是的，这里的**大众**是一个数目，仅与数值相关。比如贵族、百万富翁或政要等一小撮人，通过对数目的操纵，也能轻易成为大众。”（《祁克果选集》，第 13 卷，593 页）“这种所谓的‘大众’，只是一个完全空泛的概念，而不是任何真正意义上的人群，比如某一群雇工或贵族、穷人或富户。也正是这种‘大众’，轮番粉墨登场，却又昙花一现，虚假至极。因为人只要身处群体之中，他对自己该负的责任就减轻了，甚至不必为所作所为悔改或负责。”（同上，593—594页）祁克果又在1847年的日记中写道：“我渴望叫大众看见它自身的毁灭。”

这个世界上，人与人先天禀赋、资源的差距显而易见。而世间各种精英主义也都竭力维护着这些不平等，这股力量十分强大。祁克果认为，只有一个办法能补偿这种明显的分配不均，而人与人之间长久的平等也只能基于一个真理：永生慈爱的天父，对古往今来的每一个人都同样顾念。因此，只有在基督教信仰中，才存在真正的人人平等，因我们都是同一位天父的儿女。好些急功近利的政治狂热分子纵声批判基督教信仰，称其百无一用，定意通过立法实现人人平等。祁克果对此进言道，“唯有信仰才能借助永恒的力量，来彻底实现人类真正的平等，也就是彼此尊重、真诚、真实、不流于世俗、唯一可能实现的平等。因此，基督信仰教导了真正的人性，实在当得尊荣。”（同上，590页）

他写过一篇简短的论文《天才与使徒之分》（the Difference between a Genius and an Apostle），其中再次提到这一主题。天才在心智方面出类拔萃，天赋异禀，与众不同。使徒却可能是渔夫一类的寻常百姓，或资质平平，或才干出众，却把所有天资才能都献给了永恒的事业，因此得了尊贵的位分。天才开口动辄妙语连珠，引人入胜。使徒说话则带着权柄。唯有极少数人能成为天才，常人只有望尘莫及。而每一位个体的人却都可能成为使徒，甚至天才也行，只要他甘心放弃那令人上瘾的、由耀眼才华带来的自满自足，从此志向专一、聚焦永恒。祁克果自知属于天才一类，仅在心智上禀赋过人。他决不愿以使徒的角色自居，也从不借权柄的身份说话。祁克果的自我认知是否准确，唯有上帝才能评断，在他面前，无论才干多少，人人都享有真实的平等。

因此，平等的根基就在于个人与上帝之间永恒不变的位格关系，而不在于大众一时追捧的社会改革或政治潮流。**个体**的范畴具体、特定、具有位格性，而大众或群体的概念则机械、抽象，并无位格性，也正是在前者中，祁克果找到了恒久邻舍之爱的根源。圣经里所教导的爱，从不以某个集体为对象，而是要爱每一位邻舍如同自己，一旦你把邻舍从抽象的大众或公众中分别出来，他就成了个体的人。你若爱他如己，就见证了每个人在上帝面前本质上的平等。况且，这种爱要借着人与人的关系，“人应当尊荣每一个作为个体的人——每一个人、毫无例外。这就是真理、敬虔以及对邻舍的爱。”（同上，597 页；这也是他的作品《爱的作为》［*Works of Love*］的主题）。

祁克果的生平纪要，已经有不少英文文献作过介绍，这里不再赘述。简而言之，他一生饱受苦难。他父亲某个讳莫如深的罪过带来了阴郁的家庭氛围；他与雷吉娜·奥尔森（Regina Olsen）的婚约中途破碎；本就生性敏感，却遭遇哥本哈根流行期刊《海盗船》（*Corsair*）的公开抨击；人生最后几年中，他对明斯特主教（Bishop Mynster）与教会的期望也终告破灭，这一切都使他深感痛苦。然而最值得注意的，却是祁克果处理苦难的方式。他拒绝筑起心防以躲避痛苦，而是选择迎接苦难，与之共处，并究其本质。后来，他找到了这痛苦的意义，并为此付上高昂的代价——与每位蒙召之人一样，他必须顺服上帝对他的呼召：终生单身，忍受孤独，只为了践行一个信念。苦难让他寻见了自己的呼召，也保守他走完了这趟苦旅。他性情激烈，痛苦的压迫要么会使他放荡、疯狂、自杀，要么就促使他剖开生命的悲楚，并挖出其中深蕴的真理。他在 1843 年的一段日记中写道："至关重要的，是在上帝面前心存正直，不试图逃避他的旨意，反而深入其中，坚持到底，直到真相显明，或许最终事与愿违，但仍是最好的结局。"

文学史上鲜有人像他一样，在六年（1842—1848）之内如此多产。仅在 1843 年这一年，他于二月出版了长篇著作《非此即彼》，五月出版了《两篇造就性讲演》，十月有《恐惧与战栗》《重复》《三篇造就性讲演》这三部书稿付梓，十二月又发行了另一部《四篇造就性讲演》。

写作成了他敬拜上帝的一种方式。他顺服了上主的呼召，在上帝的鉴察下写出了其作品的字字句句，同时自己也得着了医治。他认为，若是有人软弱如他，又肩负重担，就一定能迅速发现祷告的真义。据他描述，写作的呼召其实就是与上帝同住，仿佛人与父亲耦居无猜。清晨，他早起称谢上帝，然后便开始工作。夜晚，他定时停工，再次向上帝感恩，随即就寝，如此往复。他作品产量最高的阶段，每天要写作十二小时，只有午间才在平民聚集的奥斯特加德路上散步小憩。独自在上帝面前默然持守一颗忧伤痛悔的心，能使人长存谦卑，并敏锐地感知到，自己理应竭诚服侍上帝。这样的心中所埋藏的痛苦，能迸发出不畏黑暗的真理之光。或许正因如此，祁克果作品对苦难的处理才如此精妙透彻，鲜有宗教著作能够望其项背。

然而，他却比别人更愿诚恳地指出，这是他的呼召、他的使命，不是你的。那么，你的呼召、你的使命又是什么？你决意顺服了吗？《清心志于一事》的结尾部分，他反复向读者如此发问。

祁克果还在日记中评论过著作导言的功用：帮助迟回观望的看客脱下各样的顾虑，好跃入深水，接受一次心灵的洗礼。他为《清心志于一事》所写的简短序言，只是初步达成了这种效果，因此，我很想建议不熟悉他著作的读者直接翻到本书第十二讲，从那儿开始把书读完，就一定能更容易沉浸于这篇讲演。第十二讲一开篇，祁克果就以绝妙的类比描述了听和读灵性文章的正确与错误的方式，接下来的章节则一针见血地点明并阐释了全书的主旨——什么是个体的人。如此读完以后，读者可以再从头到尾通读一遍全书，“欣然展卷，细品慢咽”，“反复温习”，并“采取果断的行动，因一切都取决于此”。

译者在此要向几位关键人物致谢：建议我翻译此书的，是爱德华·盖斯马尔教授；C. C. J. 韦伯教授与汉娜·阿斯楚普·拉森女士（Hanna Astrup Larsen）修订了译文并提出不少宝贵建议。译文依据了《祁克果选集》丹麦标准版第八卷，该书由 A. B. 德拉克曼，J. L. 海贝尔，与 H. O. 朗厄（A. B. Drachmann, J. L. Heiberg, and H. O. Lange）编辑，由 Gyldendalske Boghandel 出版社于 1903—1906 年在哥本哈根出版。全书十五个讲章的划分与章题由译者所添加。

道格拉斯·V. 斯蒂尔（Douglas V. Steere）

1938 年 3 月于费城哈弗福德（Haverford）

（艾比 译）

自序

这本小书（不妨称之为为了特定场合所做的一场讲演，虽然这讲演者既无场合可讲，又无威权可施，也无契机提供给阅读者，让他滋生学习的热望）有如一份幻想，一场白日梦，与现实中的种种关系劈面相逢：但它要实现目标，也非全无保障，全无盼望。它在搜寻那位孤独的“个体”，全心倾注于他，盼他满怀接纳，仿佛它就源自这“个体”自己的内心。那位孤独的“个体”，我欢喜且感恩地称之为我的读者；那位孤独的“个体”，欣然展卷，细品慢咽，反复温习，出声诵读——怡然自乐。若本书找到这样的一位读者，那么，它就会在这遥遥相隔中获得最完美的理解——只要在读者将之内化的过程中，距离与理解都能保有一席之地。

一个妇人在制作祭坛的桌布时，但凡能够，她总要使桌布上的每一朵花都可爱秀美如同野地的鲜花；但凡能够，她总要使桌布上的每一颗星都灿烂闪烁如同夜间的繁星。她会倾其所有，用尽一切珍藏也在所不惜。她会放下一切，变卖所有，为换得日夜之中最为清静、最为上乘的时光，好完成心中唯一的牵挂、唯独珍爱的作品。可是，当这块桌布完成、铺上祭坛的时候，若有人竟会错误地只看她的手艺，不看布的意义，只盯它的瑕疵，不解布的内涵，她便会感到万分痛苦。因为她是无法将神圣意义织入这块布本身的，也无法将其作为另一重装饰缝在布面上；这意义诚然在于观看者本身和他的理解，只要他能在无尽距离的相隔中，出神入定，完全忘记织妇和她的作为。对于织妇而言，一切所为乃为完成她所当做的，这是她蒙允去做的工，是合宜之事，是她的责任，宝贵的责任，甚至是她的至福。然而，人若看错了，只看到眼前所见之物，不将注意力引向它自身，那便是得罪上帝，误解甚至羞辱了那可怜的织妇；应当将注意力引向它自身，免得有人因忽视它而分心。

祁克果

第一讲　绪论：人与永恒者

独一的永恒者啊，你是一，你也是一切！愿你赐我们的理性以智慧，得以领会这个“一事”，并赐我们的情感以真诚，得以接受这种领会；更赐我们的意志以清心，得以志于一事。在顺境中，赐坚毅的心，使我们志于一事；在纷乱中，赐专注的心，使我们志于一事；在苦难中，赐忍耐的心，使我们志于一事。

创始成终的上主啊，红日初升，求你使少年人，决心志于一事。黄昏日暮，求你使老年人，重新忆起他早年所下的决心，使他始终如一，毕生志于一事。可叹的是，人总达不到志于一事，往往中途横生阻拦。罪在中途拦阻我们。每日总有一些东西来拦阻：拖延、阻挡、干扰、迷惑、败坏等等。如今趁着悔罪的时候，求你再次赐下勇气，使我们志于一事。诚然，这会打断我们的日常生活，但悔罪的人独自在你面前忏悔自责时（只有在忏悔时，那劳苦担重担的人才能认罪而得安息），我们就放下我们的工作，好像是得到了一日安息。这诚然打断了日常生活，但只有这样，才能叫人探本溯源，将那为罪所破碎、分裂的一切，重新组织密缝起来，以便用悔过之心去挽回那丧失的光阴，用殷切之意去完成那摆在前面的工作。

创始成终的永在者啊，人凭着如火焚烧的愿望和果敢的决心，无法赢取胜利。求你在人忧愁悔改时，把他所需要的胜利赐给他：那就是单单志于一事。

天父啊，人若没有你，算得了什么呢？人若不认识你，他所知道的算得了什么呢？虽然他储备浩瀚的知识，也不过一点琐屑微末而已！即使他所有的努力能包罗万象，若是不认识你，仍然是功亏一篑。

所罗门说，“凡事都有定期”（《传道书》3:1）。他这话是说人对过去的经验。老年人回味自己的人生时，他只是在追索记忆；老年人超脱了眼前生活印象而获得智慧时，那从恬静的记忆中所回溯的过去，与现在一切纷纭之事不同。所有工作和忙碌、欢乐和歌舞的时光，都成为过去。年老的人生再不需要什么，他自己对人生也再没有所求。眼前的事物对于他，并没有比另一件事更为切身。在一件事上的期望、决定和懊悔，并不影响他的判断。他的人生既成了过去的一部分，人生中的那些区别就都失去了意义，因为一件事一旦成为过去，即再无现在可以依附。一个活着的人在观看人生，好像他自己并不存在，好像人生不再只是过去的事情，他这仍活着的人现今再无任务，好像他与人生彼此隔绝，人生对他已成过去，他也成了人生的门外汉。若做老年人就是这样，那么，年老真是悲凉啊。

所罗门所说的若是指人生一切事，他所坚持的“凡事都有定期”必以下面的名言作结：“这样看来，做事的人在他的劳碌上有什么益处呢？”（《传道书》3:9）那么，智慧真是可悲啊。也许为了使意义更为清晰，所罗门应该这样说，“凡事都曾有其定时”。凡事都曾这样，就表明他这个老年人是在说过去的事，而且实际上他不是向别人说，只是对他自己说而已。因为那位正在陈述伴随岁月而变迁的人生之人，必须对听者说明他自己的年纪。那与人生中的变迁不定的因素有关的智慧，正如一切脆弱之事，必须小心谨慎去谈论，以免危害他人。

只有那永恒的，才是妥当的，它是永在，也是真实。只有永恒才能不计算人的年龄，而适合各人所用。可变的事物固然存在，但事过境迁它就改变了。任何有关它的评述都非一成不变。同样的话，若出自论及过去之事的老年人之口，可谓智慧；但若出自评论当下之事的少年人或成年人之口，却成了愚拙。少年人不能了解他所说的，成年人则不愿了解它。那稍为上了年纪的人，也许会很赞同所罗门所说的，“因欢乐而跳舞有时”（参《传道书》3:4），然而他如何能同意这话呢？他的跳舞时期也成过往，所以他说到跳舞时，只是在说一件往事而已。不管他少年时如何爱好歌舞，任何因他得不着跳舞的机会而忧虑，或是乐不可支地欣然回应舞伴邀请的人，到了一定年纪时，他总要恬淡地说，“跳舞有时”。但对于一个少年人，欣然奔赴舞场，和关门坐在家中，是截然不同的事，他必定不会把两件事一样看待，说，“跳舞有时，在家亦当有时”。一个人是在岁月征途中改变的，每逢某一部分的人生经历成为往事时，人总是谈论它各色不同的内容，仿佛它们都在同一水平面上，但这并不能说明他变得聪明了，只能说他有了改变而已。或许如今还有一事能使他不安，如歌舞扰乱少年人一样，还有一事吸引住他的心思，就像玩具吸引住孩童一样。在岁月中，人就是如此改变的。年老是最后的改变。老年人说到一切往事，都是用同一个语调和心绪来诉说。

但这样就把人生意义都说尽了吗？关于人之为人和人的今生所可说及的，都让人听到了吗？那最要紧的事的确被遗忘了。人在岁月中的自然变迁及其外表的变化，在本质上与动物、植物没有什么分别。在岁月中，动物也有变迁。动物到了老年，也具有那与少年时不同的想望。动物的一生也是有时快乐，有时困苦。是的，到了晚秋之际，花儿也能述说因岁月洗礼而得的智慧，且令人折服。凡事都有定时，“生有时，死有时”；春风吹拂称心快意有时，秋日繁花凋零败落亦有时；在流水之畔，好花盛开为清溪爱慕有时，凋谢零落为人遗忘亦有时；貌美被追求有时，衰残受冷落亦有时；呵护备至有时，无情被弃亦有时；晨曦温煦中喜乐有时，午夜寒冷中陨灭亦有时。凡事无不有其定时，“做事的人在他的劳碌上有什么益处呢?”

诚然，动物到了一定年龄时，也可按它岁月中的阅历呈现出真理。“万事都有定时。欢喜跳跃有时，匍匐尘埃有时；春日早起有时，冬季长眠有时；随群奔驰有时，离群丧亡有时；与眷好筑巢同居有时，孤栖屋顶有时；高翔云天有时，跌落尘土有时。万务都有定时，‘那做事的人在他的劳碌上有什么益处呢?’”你若对花儿说，“那么，就没有什么可说的了吗?”它必回答说，“没有，花儿已死，花事已结。”不然的话，这局面一开始就会不同，它的发展也不同，并不只是它的结局不同。让我们假定那花儿以另一种说法结束它的故事，它说，“故事并未完结，当我死了，我即不朽。”这岂不是一件稀奇的事情吗？若花儿真的不朽，那不朽就正好阻止了那花儿之死，而那不朽的本质也就必须不时在花儿的生命中。于是那花儿的生命故事就必然完全不同，然后才能继续不断地显出不朽与变迁之间的种种不同。不朽，不是临终时才偷偷爬进来的最后更替，而是一种经年累月不能改变的“不变”。所以在那老年人“万务都有定时”的话上，智慧的所罗门又加上，“上帝造万物，各按其时成为美好，又将永生安置在世人心里”（《传道书》3:11）。圣人就是这样说。谈到变迁，以及关于变迁的各种不同说法，诚然很混乱，即使是老年人口中的话也是如此。只有属于永恒的，才不败坏。属于岁月的智慧是混乱的；只有永恒的智慧才能真正教诲人。

人里面若有永恒的成分，它就必然能在变迁中存在，且被人领悟到。不加分辨地说那属永恒的也有它的时候，一如那能朽坏之物，如旋风成圈而不能远至，如江河成流而不能满海，这是不智慧的。用那讲说往事的语调来说属永恒的事，说它是成为过去永不再来，即使在悔改的事上它也不能与任何现在的人有关，只是与过去的人有关而已，这也是不智慧的。悔改正是过去的事与现在的人发生了关系。人在少年时想用同一语调谈到有无歌舞都自有逸乐，是不聪明的。这件不聪明的事败露了那少年人想要超乎少年。但对于永恒，人总不会脱离它，也总不会有那么一日，比永恒还要老。

若人里面真有某种永恒的东西，谈论的语调就要不同了。我们就必须说，它总会到来，人总要去做，正如使徒保罗所说，我们要永远感谢上帝。那具有时间性的事，只能被视为与世上别的事情相同，到时都必归于消逝。但永恒乃是贯通一切的。永恒不会有时限，却必按自己的意愿处置时间，且要定时安排时间的事。所以说，这“是你们当行的，那也是不可不行的”（《马太福音》23:23）。但非等到那所当行的行了之后，那不可不行的就不会为人所想到。

属于永恒的事也是如此。若人的智慧能把那关于人永恒的事，改变到属时限的世事的地步，那么不管这是由老年人还是由少年人说出，就都成了愚拙。因为关于永恒的事，老年人不能把悖谬无理的说成合理的，少年人也不能勉强人把握住真理。若有人以今生时限中所感受到的意义，来解说那敬畏上帝之道，说它是属于幼稚的事，将与童年一样随着岁月消失，又好像那不能长久维持喜乐的心境一般，只可供人追忆而已；若有人说悔改来临，像老年人衰弱一样，那时，人的精力消减，感官迟钝，甚至睡眠也只能使人发软而不再使人得力——那么，他这话就是愚妄而不敬虔。当然，事实上，有人在年岁增长时，就忘了他少年时敬畏上帝的心，被摈弃于善行之外而陷于狂妄之中。事实上，确实有人无力再犯罪时，悔罪之心就从老年的痛苦中赶了上来；所以不但那悔罪之心来得很晚，而且那晚来的悔罪懊丧，成了他一生最后阶段的事。这并不需要高明的解释，我们也不能以此来理解人生。人生有这种不幸的事，真是太可怕了。即使一个人寿高千岁，这寿数也不足以使他在谈及人生时，可以抛开少年时代的恐惧颤栗。因为对永恒者上帝来说，一个人的成长不在于时间和经历的累积。正如一个老人到了离开孩童与少年的年岁时，一般称为老练通达和有所获益，但他若故意想摆脱永恒，等于离开上帝遭逢灭亡。那远离上帝的人生，“像蜗牛消化过去”（《诗篇》58:8）。

第二讲　悔罪：永恒所差之使者

所以，有一事是每时每刻都要做的。这事不能说有时可以不做。如果这事不做或被略过，抑或是所做的与它相反，那么就会有别的事发生（说得更贴切些，这仍是那件未做之事的另一种状态，虽然它外表改换了模样，但本质并未改变），所以那事永远要做。对那事不能因循世俗之见，认为它有其定时。这事必然是悔改和懊丧了。

人敢说悔改和懊丧有定时吗？敢说人生玩乐有时，匍匐悔改有时吗？这种说法，对那迫切悔改的人，是不可饶恕的轻慢；对那在上帝面前心灵哀痛的人，则是亵渎神圣；对那在此危急存亡之际必须履行的事，则为荒诞无稽的拖延。这里存在一种危险，即所谓诱骗。这种诱骗是不能自行制止的。它若前进不止，就被称为灭亡。所幸有一位顾念人的向导，他知道，他要提醒那迷途的，叫那人要小心。那个向导就是懊丧。“懊丧先生”的脚并不如情欲的奴隶“胡思乱想”那么快；不是得意洋洋地兴奋跳跃而至。他是事后慢慢地跑来。他忧戚着。他却是个诚恳而忠信的朋友。若人听不到这个向导的呼声，那是因为他徘徊于灭亡之途。若病人为疾病所消磨还自信健康，他的病就到了最可怕的地步。若有人在早年死心不肯悔过，且独断而行，但只要他肯决然改变他的内心，则懊丧之情仍会重来。懊丧是如此奇妙的一种能力，也是如此诚恳的一个朋友，人若完全逃避，实在是最可怕的事。人可能想逃避生命中许多的事，也许他的确办得到，以致临终时能说，“我避免了别人受折磨时的一切烦恼”。但这人若嚣张地想要抗拒或逃避懊丧，那么，他是失败还是成功，到底哪一样算是最可怕的命运，就真是很难说了！

上帝的护理临到人的一生，并赐人两个向导。一个叫人向前，一个叫人退后，两者却并非彼此冲突，也并非让那徘徊迷惑的人一头雾水，为二者的呼喊声所乱。二者是永远互相呼应的。因为一个是招人向着善前进，一个是叫人转离恶后退。他们并非盲目的向导，因此才会有两位。为要叫人旅途安稳，所以必须前后都有顾及。可惜有许多人迷失正路，是由于他不知如何维持善的开端。因为他已沿着一条错误的途径继续前进，而懊丧的力量不足以呼唤他归返正途。有人迷失，或是因过于懊悔而无法前进，所以那向导也无法助他找着前进的路。每当一个长列的队伍要出发时，人们就听见那站在最前头的人所发出的号令。但那发号令的人总是等候着，直到排在最后的人回答了这号令才开始前行。同样，这两个向导都不时向着人呼喊，人听了他们的呼喊，就找着道路，知道自己在那路上。人生途中前后两个向导的呼声，最好的一个就是那叫人懊丧的呼声。因为那在旅途中步履轻松、匆忙赶路的人，每每不如那负重的旅人熟悉道路。那匆忙赶路的人，不如那懊丧悔改的人那么愿意了解人生的途径。那迫切踏上征途的人，惶惶向着新奇的道路前进，不顾目前的经验。但那懊丧者跟在后面，把一路所得的经验勤劳地搜集起来。

两个向导或早或迟，不时对人呼喊。然而，每当懊丧向人呼唤时，总是很迟的。它通常在最后关头，叫人在认罪中寻求上帝，以再找到正当途径。不管你是少年人还是老年人，不管你犯罪多寡，不管你冒犯或轻慢了多少人，懊丧的呼声总是在最后时刻才会临到。内心的不安正是表明懊丧所坚持的最后关头已经临到了。就时间而言，老年是人生的最后关头；而临终那一刻，即是这关头的最后刹那。懒惰的少年人常说他前面摆着悠长的人生。享受宴逸之乐的老年人常希望他的死亡遥遥无期。但悔改与懊丧是人心中永恒的事。因此，每逢悔罪之心意识到自己的过失时，它就知道那最后关头临到了：最后的关头，人普遍抽象地谈到，即使很懒惰的人也知道，它是存在的，但实际上一旦加诸懒惰者本人，往往就看不见它的存在。就是老年人也希望他的死期尚远，而怠惰的少年人则欺骗自己，以为最后关头的来临，与少年人无关。请看，这两个向导的存在，是多么美善，多么必需。因为无论是少年人的轻松愿望，满以为向前直奔必得胜利，或是成年人的壮志决心，想要奋斗到底，两者都认定尚有悠长的岁月可以任意安排。他们在自己的努力计划中，都假定面前尚有一代春秋，或至少尚有相当岁月，所以就浪费光阴，于是完全陷于迷惑之中。

但悔改与懊丧的心知道如何在恐惧战栗中利用光阴。每逢懊丧促醒人的关顾时，不管是对少年人还是老年人，都在最后关头促人省悟。人生一到最后关头，时间就所剩不多了。人不能再错误地受欺骗，以为生路尚长，因为现在最后关头已然临到了。在最后关头，人对人生的认识完全不同，不再像少年时候，或忙碌奔走的成年时候，与老年的最后时刻亦有不同。人在另一时候（即不在最后关头）忏悔，都不过是暂时而非永恒的忏悔。他是以一种急促而不真实的观念，去轻估自己的过失来护卫自己。他在仓促中，错认人生的悠长，用来加添自己的勇气。所以，他的懊丧不是出于内心的至诚。唉，真到了那最后关头，不管你身处何种景况，一切都已完全改变！万物趋于冷寂，如同午夜一般；万事归于暗淡，好像死日当头——那是多么寂寞，就仿佛在墓园中一般；那是多么肃穆，就好像在永恒中一样。呀！当交账的时候，虽然没有控诉的人在场，负担却也何等沉重（即使那时已停工休息）；万事都返本归真，然而皆不发一语；此时，在永恒的亮光中，叫你将每一句不当的话都重说一遍！呀！这真是一宗耗费巨资的买卖！那些当日在轻快的心情、仓促的时光、骄傲的奋斗、急躁的情绪和世俗的判断中，曾被认为无关要紧的事，如今在忏悔之时，需要付上多么昂贵的代价啊！呀！在最后关头，你若表示逗留，那是多么可怕，你的逗留要比死亡贯彻一生还要可怕得多！

所以，为使万事都不含混，悔改也必须有其定时。因为人生有两个向导。一个招人前进，一个叫人后退。但悔改的定时并非时间意义上的。悔改的定时不是属于人生的某一阶段，好像嬉戏玩耍属于孩提时期，热恋属于青年时期。悔改的来去并非儿戏，或出之偶然。不，懊丧应该是以反省的心情付诸行动，以便一说到它，就能对听者有益，以便新的生命由之而生，以便它不会以其忧伤令人感到怆恸。在那有着永恒印记的“自由”场景中，悔改须有其定时，是的，它且须有其预备的定时。就悔改中所应做的比重来说，用于反省与预备的时间，并不算过长而浪费。反之，悔改中含着肃穆、敬畏和谦卑之心，以使在悔改的至诚中所行，不致流于草率和虚空。人想预备自己，不能算为呆板迟缓。反之，预备乃是一种内心的大激动，已经深深进入其所当做的。从永恒的观点来看，悔改是立刻产生的，甚至连提到要悔改的时间都没有。但人是在时间中行动，处在时间限度之内。所以，永恒与时间要互相追求彼此了解之道。正如在时间方面要求延迟，并非为了退避，却是因为感受到自身软弱，而要求时间来预备自己；同样，永恒方面的让步，也不是放弃自己的要求，只不过是宽待软弱的世人，宽容他一点时间。

永恒者不因他“立刻服从”的要求而向人发起突袭，致使时序纷乱。他反而在人毕生当中，给时间以援手。正如一个高智商的人与一个智商较低的人相处，或是一个成年人与一个小孩子相处，前者若是要求过分，会使那小孩子或低智商的人心智委顿；同样，容易激动的人以为永恒者也会使凡夫俗子疯狂。但那祷求上帝的悔改之情和深切的忧虑，总不能与急躁混为一谈。经验教训我们，悔改的恰当时间，不一定是眼前那个刹那。一个人若在费神思虑，而各种情绪又十分活跃，或至少希望卸除重担而感到紧张的时候，萌生了悔改之念，他很容易会弄错，真正需要忏悔的是什么。他很容易把暂时的痛悔——那实在只是一种急躁——当作真正的悔改；他很容易把那世俗的忧愁痛苦——亦是一种急躁——当作真正的悔改。但不管急躁发动多久，总不会变为悔改之心，不管人的心如何忧愁，也不管他急躁时叹息呜咽得多么厉害，总不能成为悔改时的叹息，急躁时的眼泪毫无果效。它好像不会下雨的浮云或一阵风。另一方面，若一个人犯了更严重的罪，但同时能改进自己，年复一年，沉着地向善前进，他那悔罪的心肯定也就越来越迫切，而他的罪也就逐年地——从世俗时间来说——远离他了。因为人若诚心悔改，他的罪咎感必是鲜活的。正因如此，那由急躁而生的悔改是虚假的，是不当追求的。因为那种罪咎感未必由忧戚深处而生，那或者只是一时的感觉而已。这种悔改是自私的，是由外表的官能产生的，虽然一时在肉体上表现得很强烈，其实只是种种极端的急躁表现而已——正因如此，不能算为真悔改。仓促的悔改，好像一口气把苦杯喝干，然后匆忙赶路。其目的在于摆脱罪咎感，在于抛弃一切犯罪的回忆来护卫自己，以为这样做，就不会被阻挡前进行善。这种想法是希冀罪咎感渐渐可被遗忘，其实这也只是急躁而已。也许他后来再一次匆促悔改时，就表现出他前次的那种匆促悔改，不是出于内心的至诚。

有一个故事说，某人因为犯罪须受刑罚，法律曾予以惩办。他承受处罚之后，重入社会，他改过了。于是他去到一个没人认识他的异乡，那里的人认为他有好行为，过去的一切都没人知道。有一天忽然来了一个逃犯，认出他是旧日犯案的伙伴。这对他是一个极可怕的回忆。他每逢碰到那人，就怕得要死。这记忆虽不为人所知，却一直“高声”喊叫，此时又借着这位卑劣逃犯的声音披上“语言”的外衣。刹那间，这个似乎已经得救的人又突生绝望。他之所以为恐惧所擒，正是因为悔改被遗忘了。因为他在世人面前的改过，并不等同在上帝面前的顺服，以致他在谦卑的悔罪中，可以记得他曾经所是。从世俗、肉体和社会的意义上看，悔改只是岁月中一种来来去去的事。但从永恒的意义上说，悔改乃是人每天静中的忧思。若以为一百年即能把罪咎感消除，从永恒来说，这是错误的。这种说法是把永恒和最不像永恒的事——人的遗忘——混在一起。

若有人厚颜存不敬虔的态度，宣布已经被至善者宽恕，因为一切都被遗忘了，那简直是亵渎神圣，只是在旧的过犯上加添新的过犯而已。让我们认真来思考这个问题。过犯并不因它对于一个改过了的人越发悲苦而增加。完全忘记过犯，并非有利之事，反倒是一个损失，且能招致灭亡。但是内心若因对过犯怀着更深刻的忧伤，从而更加爱上帝，那是一件有益的事。因着人忘记往事而以为他成熟了，那并不是一件好事。然而人若因为罪而懊悔，进而内心经历更深刻的更新，那却是一件有益的事。人能由树的年轮而知道树的年龄；人实在也能够因悔改的程度而知道他在美德上的成熟度。有一种绝望的斗争，即与行为的后果搏斗。敌人常从后面攻击，然而那战士仍不断前进。处于这种情况之下，悔改仍然是幼弱的。有一种悔改中的苦痛，并不助人担当刑罚，而是每一刻都屈服在刑罚之下。处于这种情况之下，悔改亦算幼弱。又有人一想到人生所已枉费的，就不免有一种默然不寐的忧伤。这并非是绝望，但在每天的忧戚中，总是不安的。处在这种情况之下，悔改仍然幼弱。又有人努力在善中前进，好像一个步行的人，双足磨破了皮一样。他表示很愿意、很乐于快快地走，但是他已丧失了勇气。双脚的痛楚使他步履不稳，苦不堪言。处在这种情况下，悔改还是幼弱。

但是，只要能沿途增加自信的步履，让处罚变为祝福，果效成为救赎，在善中的进步呈现，就有一种镇静而深沉的忧思，来回忆其所犯过失。这种忧思能胜过欺骗和混乱眼目的一切事。如果他所见的是错误妄为的事，是一桩痛心的事，这就是成熟、坚强而有力的悔改。凡属肉体官能的事，不免在岁月之中归于衰残。一个舞蹈家在青春消逝时，人们往往会说她过时了。但一个悔改的人并非如此。若悔改被遗忘，那就证明它的力量未成熟；保持悔改的心越久，珍爱它越深，它的效用也就越好。人看过失越逼近，就越认为它可怕。但悔改的人沿着善的途径，从离开过失越远之处看到他的过失，他的悔改就越蒙上帝悦纳。

所以，悔改不但须有其时，且须有其预备的时间。虽说悔改是一件每日安静为之的事，但忏悔者也必须积聚悔改之意，为那严肃的悔改时机预备自己。严肃的时机之一即是认罪仪式，须得事先预备。正如一个人赴宴须更换衣服，同样，一个人若准备去认罪，就得先改变他的心。这的确如同更换新衣一样，就是必须摆脱错综的万事，以便专心一事；必须先停止那营营役役的生活，静思默想，让自己心平气和。在上帝面前心平气和的状态，正如那套赴宴的礼服，是蒙准赴宴的条件。一个人可能以纷杂的心绪来看那错综的万事，但所见到的只是浮光掠影，只不过是用半张的眼睛、分裂的心去看它，虽说他是在看它，实在并未看它。营营役役中，人惶惶然为许多事所烦扰，开始做许多事，想同时做许多事，结果只是半途而废。人若不是真正心平气和，他就无法认罪。在认罪这件圣洁的事上，人若不是真正心平气和，就只算是自行散失。他虽安静无言，却未曾敛心摄意，他如开口说话，也只是喃喃自语而非认罪。

但是真正心平气和的人，他是在静默之中，恰如更换衣服一样：脱掉一切，让一切喧嚣归于空寂，好叫自己藏在安静之中，敞开心门。这种安静正是遵守那圣洁的认罪方法。以歌舞庆祝时，世俗的见解是奏乐的人越多越好；属于神圣的事，则是越安静严肃越好。当漂泊者离开喧嚣的大道进入僻静之处（只因为安静能敛摄人心），他觉得非自行省察不可，非将隐藏在内心深处的事倾吐不可。正像诗人所说的，有如不能言说的事，是语言文字无法表达的事，都从他的内在深处汹涌而出。人心中的热望也并非那不可言说的事本身，那只是对它的追踪而已。安静中所提示的，四周环境在安静中所述说的，正是说不出来的事。

当时林中之木所表示的惊奇——若我们能说林木俯视那漂泊者而惊奇的话——并不说明什么。林中的回响很清楚地表明它不能说明什么。不，正如一个坚固的碉堡抵挡敌人的攻击，不管那漂泊者如何高声大喊，那回响只不过把他的声音挡回去而已。浮云随意悬挂天际，只是在做它们自己的梦。不管它们是恬静地自我陶醉，还是正在欣赏它们愉快舒缓的动作；不管它们正在那里乘风疾驶，还是正聚集朵朵黑云抵抗劲风，至少它们并不想理会那漂泊者。

大海像智者一样，颇能自得。不管它是躺着以轻波自娱，像小孩吮指一般；或是旭日正午时，像一个冥想者卧游骋怀，让自己的目光注视一切；或是如在午夜一般，自行深思；有时为要静观万事，它就巧妙地隐藏自己，好像不存在一样，又有时则纵情忿怒。不管怎样，海心是稳有根据的，它所知道的非常透彻。凡有深刻见地的，都知道这事，却不能把所知道的分享给别人。

群星列宿的布置何等令人惊奇！而其中众多天象又似乎和谐不紊。但众星远在高天，看不见那漂泊者。只有那漂泊者能看到众星，所以在星与人之间不能没有和谐。那一种忧郁的诗情，是以误解为根据，因为那寂寞的漂泊者，在自然界中，到处被不了解他的事物所包围，仿佛是终必达到了解。

那说不出来的心事，好比溪流的潺潺声。若是你忙碌得被自己的思想所掩盖，走过那溪旁时，你总看不到它，听不到那潺潺之声。但你若静立，你就见到它了。既见到它，你就会静立。你一静立，那潺潺之声就叫你要听它。你一听它，就会低头垂听。你一低头垂听，它就把你擒住。它一把你擒住，你就离不开它，情不自禁。一到情不自禁，你就躺在它身旁。每一刻都好像有下一刻要给你有所解释。但溪水之声潺潺不息，那漂泊者在它旁边渐渐老去。

认罪的人却非如此。恬静中，他虽然也能动情，却不是为迷蒙的忧郁所动，而是为那恳切的永恒所动。认罪的人不像漂泊者那样，不知道他如何来到那安静的地方。他也不像诗人那样，只想寻找寂寞和寂寞的情怀。不，认罪是圣洁的事，要认罪，先须收敛心神来作预备。那环绕你左右的，深知这恬静的意义，知道它所要求的乃是恳切。它知道它的愿望乃是要人了解。它知道它的愿望若被误解，就产生新的过失。那临在于这认罪仪式的，乃是那位无所不知者。他知道并记得向他所认的一切罪，以及那些人所不肯认的罪。他在这人生命的最后一刻，还会记得这个认罪的时刻，他记得这个认罪的人向他所承认的，以及未曾承认的。他无所不知，老远就知道人的每个意念，他知道每个意念的来路，即使那认罪者自己还不知道。他无所不知，他“在隐秘中察看”，在他面前，人虽不说话，他也听见，所以没人敢以言语或缄默去欺骗他，人在他面前不能像对世人一样，可以用缄默或言语来隐藏自己。

认罪的人并不像一个仆人向主人交账一样，主人所要仆人管理的，是主人不能亲自料理，或是不能亲临的地方。人交账的事，无所不知的上主每一件都在场。人交账并不是为上主的缘故，而是为了他自己，他在上主面前，连他交账的片刻是如何运用的，也得报告。认罪的人也不像跟朋友诉说心事那样，在朋友面前把朋友以前不知道的事告诉他。全知的上主并不因那人认罪而知道他的一些事，却是认罪者因认罪而得以认识他自己。所以，你不要反对认罪，以为那无所不知的上主既已知道一切，就没有向他诉说的必要。我们须先回答一个问题：人若得知一些他自己先前所不知的事，是否有益处？一个人可以匆促地说祷告无用，因为人的祷告并不改变那所不能改变的。但是这种改变是否真的需要？若人能叫上帝改变了，那反复无常的人岂不要反悔吗？所以，与此同时，最需要的是真正的解释。祈祷并不改变上帝，但它改变祈祷者本人。认罪也是如此。不是上帝，是那认罪的人，借着认罪去认识某一件事。

你暗中隐藏的许多事，在你对那无所不知的上主陈明时，首先就叫你自己知道。有许多穷凶极恶的罪行，甚至杀人流血，就罪犯方面，说句实话，许多时候他自己也不知道他所做的。或许直到他死，也不因悔改而真知道他所做的是什么。人的情欲又岂曾真知道它所做的呢？情欲引诱人的强大力量，和它表面的借口，岂不都集中于那无知的自欺之中吗？因为当情欲沸腾时，人就把永恒者忘得一干二净。情欲若不断地纠缠人，就会使这人的生命支离破碎；情欲狡猾地伺候它那受欺骗的主人，久而久之，它就占了上风，直到它的主人变为它盲目的奴仆！

因为当恨恶、忿怒、报复、灰心、忧郁、失望、恐惧将来、仰赖世务、倚仗自己，那甚至在同情中显出的骄傲、友爱中夹杂的妒忌，那只得改变而不得改善的意向——这一类恶念占据人的心时，人岂不常以无知的自欺来作借口吗？人对这些邪情恶念之所以漠然无知，正是因为他不知天地间有那无所不知的上主。

诚然，有的知识是人没有机会了解，或没有能力学到的，他无需因为那种无知而感到烦恼。但另有一种无知，是关于人生自身的无知。这样无知的人，无论贤德或愚拙，都有同样的凄惨结局，因为都有同样的责任。这种无知，就是所谓自欺。有一种无知，人借着学习，可以逐渐转变为知识。然而，由人的自欺所造成的无知，却只有一件事能把它除掉。人若愚昧无知，连这唯一必需的事也不知道，那是因他仍处于自欺之中。无知的人可以有许多事不知道。人逐渐增加知识，仍有许多事不知道。但那自欺的人，若只谈到数量多寡，纷杂错综，他就仍然处于自欺之中，陷于繁复世务的网罗内，不能自拔。无知的人可以逐渐得到智慧和知识，但那自欺的人，若他得到了那“唯一不可少的一件事”，那必然是得到了清心。

上篇

志于一事的阻碍

第三讲　纷繁世事与高光时刻

“你们亲近上帝，上帝就必亲近你们。有罪的人哪，要洁净你们的手；心怀二意的人哪，要清洁你们的心。”（《雅各书》4:8）当我们认罪且默想这节经文时，当谨记这句话：**清心是专志于一事**。因为只有清心的人能见上帝，能亲近他；只有上帝亲近人，人才能维持那清洁的心。凡真志于一事的人，只能志于“善”。凡在志于“善”时只志于一事的人，只能真志于善。

我们最好先将认罪这件事搁置一边，好让我们了解使徒雅各的训诲：“心怀二意的人哪，要清洁你们的心”，并知道“心怀二意”乃是他所指责的。然后在我们这次讲演快要结束时，再来特别论到认罪。

I. 若人只志于一事是可能的，那么他就必志于善。

志于一事——这岂不是要成为一场漫无止境的谈话吗？若要妥当地讨论这件事，必须先逐一思考一个人所想到要树立的每个人生目标，同时分别提到一个人可能要志于的许多事情。不单如此，由于所逐一思考的每一件事都太抽象，必须紧接着逐一尝试各个目标，借以发现他所应志于的唯一事情是什么。没错，若有人真的这样上路，他绝不能达到目的。或者说得更确切些，人若一出发就走错了路，一直沿着错路前进，他又怎能到达目的地呢？走错路的漂泊者只有一条痛苦的路线通向善，那就是回头来走正路。因为“善”既是唯一的事，所以一切的路径都领人向善，即或是错路，只要那悔改的人能够回头就好。啊，善的可靠性是无穷无尽的！世上的人，不管他在何处，不管他走的是什么路，只要他志于一事，就是走那向善的路了！此时若再一一列举各种人生目标，只会有害。我们不要糟蹋大好光阴去提许许多多的目标，也不要浪费人生宝贵岁月去亲自尝试它们，却要在谈话时也像整个生活所努力追求的那样——正正确确地直指目标。

我们若好好地说到“善”，没有什么比善更能用简洁的言词说明的。因为那没有条件，也无需序言或词汇的“善”，是独一的事，也是人所必须专注的唯一的事。啊，至为简洁的善！人的聪明因追求虚荣而感到困倦，慢慢才能把握的，却能被那简洁的善迅速抓住。朴实的人，具喜乐虔诚的心，毫不费力即能了解，因为他立刻单单抓住当前的善，而聪明的人却须花费许多时光，经历许多痛苦，才能得着。有关志于一事，我们不能说："有人志于一事，但他所志的，并非至善；另一人也志于一事，但他所志的，也非至善；又有第三人也志于一事，他所志的正是'至善'。"不，事实并非如此。那志于一件并非至善之事的人，他其实并非真实地志于一事。他所谓志于一事，是一种迷幻，一个错觉，一场哄骗，一种自欺。在他的心灵深处，实是心怀二意。所以使徒雅各说，"心怀二意的人哪，要清洁你们的心"。就是要涤净那心怀二意的心。换句话说，我们的心必须真志于一事，那才算清心。

当雅各说，"你们中间若有缺少智慧的，……只要凭着信心求"（《雅各书》1:5—6），不可像那心怀二意的人，这里所说的也是同样的清心。因为清心是那由祈祷而得的智慧。一个虔诚祷告的人，并非聚精会神于书本，因为在他跪下祈祷时，他是那"眼目睁开"（《民数记》24:16）的智者。

总而言之，有人如此专志虔诚，存心不理其他万事，因为"善"是独一无二的。本次讲演较为艰深之处，其所针对之人，是那“心怀二意”、迷迷糊糊地认识万事，具有各式各样知识的人。若一个人真志于一事，那么他所志的是至善，因为只有至善才能作为志于一事的对象。但这两种说法是说同样的事，还是说不同的事呢？一说显然是指至善，宣布它为所志独一的事。另一说很狡猾地隐藏了善之名。它几乎可谓是在说别的事。但正因如此，那说法使人需要搜索内心深处。不管人如何抗辩，如何坚拒，如何夸口，说他确是志于一事，然而那说法终归使他需要彻底省察自己的心，若他所志的那件事并非至善，它便能揭发他心怀二意的罪。

实在说来，世上有人看似志于一事。他不必自己坚持这一点。即使他对这事闭口不言，还是有许多人为他作证，证明他是何其不近人情，专心志于一事，不为万物所动，不管是温存，是天真，或是困苦；他的心灵盲目，闭眼不问万事，他眼目所关注的，只是他所志的那一件事。然而说他是志于一事，确是一个迷惑。一个可怕的迷惑。因为快乐、名誉、财富、权能，以及所有这世上所能提供的，都只是看上去像是一件事。当万事都在变迁之中，人也在变迁之中，这所谓一件事并非一件事，且不会一直是一件事。在种种变迁的情势下，它是不能始终如一的，反之，它是不断变化的。所以即使那人自称志于一事，不管那一事是快乐、名誉或财富，实际上他并未志于一事。他怎能说是志于一事呢？他所志的本身并非一事，其中实在包含许许多多的事，它本是纷乱散漫，变迁中的玩意儿，败坏中的牺牲品而已！他在追求快乐时，明明是贪求许多件事。他的口号是花样众多的。如此去求花样众多的，岂是志在那永不改变的唯一之事呢？相反，他所志的正是那时时改变的东西，是那纷杂万象的事物。一个人所志的若是如此，他就不只是心怀二意，而且是自我分裂的。这样一个人，起初是志于一事，后来很快就志于相反之事了，因为快乐的一端是陷阱，是迷惘。他所志的，便是纷纷然的快乐。所以，我们所说的这个人，一旦满足快乐到恶心时，他就厌倦腻味了。那时若他还想要一件事的话，他所要的是什么呢？所要的是新的快乐；他那疲倦的心灵趋于忿怒，恨无聪明才智去发现一些新鲜的娱乐，一些新的乐趣！淫乐伺候他的时候，他所喊着要的，是变换！变换！他到了欢乐至极的时候，伺候的人已是精疲力竭，而他所喊着要的，仍是变换！变换！

但我们要知道，人生中也有种种变迁，可以向人证明他是否志于一事。有一种变迁为凡夫俗子的必然经历，届时那肉体的人必归长逝，所有喧嚣跳动的五官百体都归于灭亡，一切归于寂息。这就是死的来临。有时那必死的命运似乎未曾来临，那肉体的人似乎得以避免逝去，其实死神并未忘却。肉体始终无法逃避死亡，死亡有权管辖一切世上的、凡属肉体的人所渴望的事物，将其变为无物。

最后，更有那属乎永恒的巨变，要改变天地万有。到那时只有至善不变，它也仍是那志于一事之人的祝福。但那毫不受穷困所扰的富豪，他将来在永恒的咒诅中，必定只能志于一事，此刻我们可以问他，是否真志于一事。照样，我们可以问那些志于荣誉、财富和权势的人同一问题。他切慕荣誉达于极盛之时，曾否发现一些限度，或只是那种不知足的欲望在不断攀升？他在午夜不能入睡时，总想抓住荣誉，牢牢保持，在那些时候，他曾有片刻的平安吗？在他欲望的死火寒灰中，他曾找到些微的安息吗？即使他确已得到最高的荣誉奖，这世上的荣誉本身真是永不改变的事吗？那在纷扰中为万千人所交织成的花冠，这种荣誉像大地上巧夺天工所织成的地毯，出于创造者之手吗？不，世上的荣誉，正如世上的侮蔑一样，不过是一个漩涡，一个虚无缥缈的戏码，一种众说纷纭的虚幻感而已。正好像人受自己的眼目所欺，老远看见一堆蝼蚁，认为那是一个物体；又好像失聪的人，老远听着万声喧哗，以为那是一人独唱。

即使荣誉为大家一致认同，仍然没有意义，达成这个一致的人数越众多，就越没有意义，也会越快地表现出没有意义。老实说，那人所欲的，正是千千万万人的一致认同，而不是善良人的赞许。善良人的赞许，他不算为大事，他所要的是千万群众的赞许。人只计算称誉自己的人数，也可称为志于一事吗？算来算去，直到自己满意，算来算去，直到铸成错误，那也能称为志于一事吗？所以无论是谁，若他的志向是得到荣誉，或是恐惧被侮辱，不管是否有人说他在内心深处是志于一事，实际上他不只是心怀二意，更是意绪万千，与他的内心相违。他在必须卑躬屈膝，以便取得荣誉时如此；在必须谄媚敌人，以便取得荣誉时如此；在必须向那些为他所鄙视的人求开恩，以便取得荣誉时如此；甚至在必须出卖自己所尊敬的人，以便取得荣誉时也是如此。求荣誉等于轻蔑自己，等到荣誉达到极点后，仍需战战兢兢，怕有变迁。变迁，是啊，还有什么比世上的荣誉更容易变迁的呢？还有什么比它的变迁更迅速的呢？它好像愚顽人的错误、盲目人的打击一样。那追求荣誉的人，甚至来不及脱下那荣誉的华袍，侮辱的袭击就临到了。变迁，最后的变迁，是一切不可预料的事之中最必然会来到的：不管荣誉之声在一个人的坟墓前是如何震响，即使那声音远播全世界，有一人仍听不到这声音，就是那志在为唯一切望的荣誉而死的人，这个死人已经听不见那荣誉之声了。而且就在他死时，他已经失去了那荣誉，因为荣誉是外表的，终归烟消云散，如同逝去了的回声一样。变迁，真的变迁，是在永恒来临的时候：请问在永恒的国度，荣誉的冠冕是否赐予那在世上有颇多荣誉的人？然而，永恒比诸尘世来得更公义：在永恒的国度，荣誉的冠冕为每一个专志于一事的人预备好了。财富、权势，以及那必归于消逝、毫无光彩的尘世，都是这样。那些志于财富或权势的人，即使是专志于一事，仍须痛苦地继续以那已经消逝的财富、权势为事，好让他在矛盾的绝望中去认识他所志的并非一事。那真志于一事的，那志于至善的，纵令他为善而牺牲，在永恒中，他没有不再志于至善之理，那至善正是他愿意去拼死求得的。至善既然在永恒中得胜，他又为什么不继续志于这事呢？

所以，志于一事，不能说是志于那表面似乎是一事的事。事实上，世俗的目标在本质上并非一事，因为它本不真实。其所谓一致，只不过是隐藏在纷纭繁复中的虚空，原本就没有什么。在暂时的迷惑中，世俗的目标是纷繁的诸事，而非一事。它不只没有一致的定性，甚至在下一刻就变为另一件相反之事了。说到极处，快乐除可厌之外，还算什么呢？世上荣华到了极至耀眼时，除了藐视存在之外，又算什么呢？所谓财富，顶级的财富，至终还不是一无所有吗？不管藏在贪婪内心的黄金何其多，也还不如那知足的穷人的一个小钱！世上的全能者，还不是要倚靠别人吗？暴君还不是同那在枷锁中的奴隶一样不自由吗？世俗的目标绝非一事。它是纷乱繁复的：凡以这种目标为志的，它出现时可以变为与目标相反的事；死时，它就消灭殆尽；在永恒中，更成为咒诅。只有至善在本质上为一，而且在它的每种表现上也是一致的。以爱心为例，那真有爱心的，并非爱一次就够了。也不是这次用一部分的爱，下次又用另一部分。把爱分割成许多小块，并不是善用爱。不，凡爱，都是全心全意地去爱。爱的表达，每次都是完全的。有爱心的人，永远给人完全的爱，他在心中也保守那爱完整无损。爱是奇妙的丰富！那吝啬的人，用卑贱的方法积攒了世上的黄金，然后他倒成了贫穷。那有爱心的人给人完全的爱，同时又在他清洁的心中保守它的完全。人若真志于一事，他所志的一事，必然是那在万变中而不变的，好使志于它的人可以得着那永不改变的。若所志的不断改变，那立志的人也即是易变的、心怀二意的、不稳固的。这不断的改变，不是别的什么，只是不纯洁。

志于一事，并非是甘犯那厚颜的错误，不顾好歹，狂妄自大。凡这样立志的，不管他如何拼命，仍是心怀二意。灰心失望，岂不是心怀二意吗？失望什么呢，无非是存着两个心志罢了。不管是弱者因着无法挣扎脱离那邪恶而绝望，或是那厚颜无耻的人因着无法完全摆脱自己于至善而绝望：两者都是心怀二意，存着两个心志的。不管他们如何拼命地要志于一事，他们都不是真志于一事。不管是一个女人为情欲所迫而面临绝境，或是一个男人因遭挫折而备感沮丧；也不管一个人是因心愿达成而失落，或因心愿未达成而失望；凡灰心沮丧的人，都有两个心志，一个是他徒然全力追求的心志，另一个是他徒然全力逃避的心志。就这样，上帝胜过世上一切的君王，能保障他自己胜过任何反叛者。世上君王常有被反叛者推倒宝座的，可是，凡反叛上帝者，至终难免不归于绝望。绝望乃是最后的极境——“仅止于此，不能再进!”绝望是极限。那怯懦者自私的坏禀性，以及骄傲僭妄者的受阻挫之心，都在绝望中相会，一同归于虚无。

自己的经验与别人的经验，总是教训我们，人生距离它应有的样式是何等遥远。他们在可能性的魔镜中看到自己，希望就摆在他们面前，而愿望也在奉承他们。但他们在每天日常生活的流转中，很快就忘记了这景象。要不然，他们就说狂妄的话，“舌头在百体里也是最小的，却能说大话”(《雅各书》3:5)。那理当在安静中行出来的事，却站在屋顶上以热心之名大声喊出，这样的热情是徒然的。而且在人生的琐屑杂乱中，热情的话语很快就被忘记了。关于这个人说过的这样的话，已被大家遗忘了。即使是他自己说的，也早就忘记了。有时记忆的提醒使他恐惧，有时忏悔又似乎预示着他得到新的力量。唉，这也不过是苟延一时而已。是的，所有人都有好的愿望、计划和决心，不只对今生，连对永生也是如此。只不过那愿望很快就失去它的少壮精神，而归于委顿。决心若没有坚实的根基，就不能抵挡反对的势力。它为各种情境所倾覆，被其改变。记忆也有它失败的时候，直至通过大众的习俗与习惯，叫决心和记忆二者彼此同情。若人有借口大说那温存的安慰话，他就没有意识到这种同情是多么有害，反而认为它是有教益的，因为这种同情能鼓励、加强人的逸乐情怀。有些人认为，坚决肯定志于一事这完全崇高而严肃的要求，好使它很牢固地打入自己的内心深处，这是很有教益的事。但另一些人认为对他有大造就的，是在上帝所要求的与人的言语之间，求得一种可怜的妥协。有一些人认为只要有人向他们挑战就会有益。但也有一些昏昏沉沉的人，以为昏然入睡不但是可喜的事，而且很有益处。

这诚然是一件可悲的事；然而有一种聪明，不是由上面来的，而是属乎世俗情欲与魔鬼的。这种聪明，发现了人共同的弱点和怠惰；它就表示要有所帮助。它既知人的一切都以意志为转移，就大声宣布说，“人非志于一事，就会变为庸俗可怜。所以人必须志于一事，不管它是好是歹”。然而我们不难看出其中的大错。关于达成人的拯救，经上明明说，罪使人败坏。所以，得救之道，唯有靠着人的清心而志于至善。而世俗、邪恶的聪明，谬解志于一事之道，把它变成一种趋于灭亡的试探，认为软弱是人的不幸，刚强是唯一的救星："污鬼离了人身，就在无水之地过来过去，寻求安歇之处，却寻不着。"于是带了那污秽的狡计和那无水之地的智慧来，这污秽的狡计虽把庸俗与懈怠精神驱除，却引人达于更可怜的境地，所以"那人末后的景况比先前更不好了"（《马太福音》12:43，45）。这种人的处境，我们怎么说呢？正如唱歌的人拉高他的腔调，却把自己的嗓子弄哑。同样，这种人也是过度喊叫，而把自己良心中的嗓子弄哑了。有一个人迷迷糊糊地登高，万物皆聚于眼底。这种人使得他自己在茫茫天地中头昏目眩，以致那本来条理分明的万事万物，都被搅成混沌一片，他眼前只是茫然无涯。

正是这种干涸空虚，常常产生晕眩。但不管这种人如何拼命志于一事，他都是心怀二意。若这种自是之人得遂其志，那么世上只剩下这一事而已：世上只有他不是心怀二意，只有他已抛掷锁链，成为唯一自由的人。然而，罪的奴仆是不自由的，他也未曾抛却锁链，"因为他嘲笑它。"他是在捆绑中，所以是心怀二意，也就不能自行其道。有一种力量将他捆绑，他无法解脱。呀，他甚至不能完全有自己的志愿，因为这种能力也被剥夺了。各位听众，你们若遇到这样的人（尽管不见得会遇到，因为软弱庸俗的人更较普遍些）——在他自己所称为软弱的时候（但是，唉，这软弱的时候，你们倒不得不称它为更好的时候）；在他身处荒凉之中得不着安息，当他暂时昏厥过去，令他感到因愁苦而渴望向善的时候；在他内心破碎忧戚、正想着那即使在一切脆弱中仍然志于至善的意志纯一之人的时候——你们就会发现他那痛苦的三心二意。

他既绝望了就想到：失败，已经是失败了。但他仍不得不再度回过头来，渴望那至善。对于这种渴望，他心中是如何痛苦地怨恨着，这渴望表明一个人不论怎样固执，仍无法摆脱至善，因“善”比他刚强，所以他无力完全定志去摆脱它。

也许你听见过那绝望者说，“我消沉时，有某种善一同消沉了”。一个人溺水，沉下去快要死的时候，他的头会再浮出水面一次，口中吐出最后一个水泡。然后，他就沉下去死了。那最后的水泡就是他最后的一口气，有那一点气，就使他比水轻些，所以他能再浮出水面一次。这个绝望的人所说的那句话也是如此。这句话是他最后得救希望的终结。说过这话之后，他的一切就都结束了。但是在这话中，是否尚隐含着一点得救的希望呢？在他心底，这个思想是否还与得救发生可能的联系呢？当他私下对另一个人说这句话——这样误用私下的关系是何等可怕呀！即使那绝望的人这样做，也只是伤害他自己罢了！——这话一出口，他就永远沉沦了。

唉，看到一个人奔向灭亡，那真是可怕呀。看到一个人在深海边缘跳着奔着，毫不自觉脚下的危险，这很可怕；但一个人明知自己走向灭亡而不顾，这更可怕。看到一个人为求苟安而沉入失望的漩涡中，这很可怕；但他那种不在乎的态度，则更可怕。本来，人总是怕死的，临危必会喊着求救，“救我呀，我快沉下去了”；但这绝望的人却甘心安然看着自己灭亡！呀，这真是极端的妄想！他不以美丽、财富、本领、权能、尊荣去引人重视他自己，却想以自己的灭亡去引人注意，竟发出一句可怜逝者的人在逝者坟墓前极其伤心时所说的话：“还是有一些美好的东西随着他去了。”呀，人临到灭亡时那种可怕的心怀二意，想凭他未曾定志向善的事实去赢得利益。因为到他临死时，那另一心志向他显明了，即使它如此软弱，只不过是灭亡的刹那，有气无力地耽延时刻而已。或者说，只是想靠他的死来胜过寻常。

可见，志于一事，绝不能说是志于那原非一事，却只因虚妄而似乎为一事的事。说它为一事只不过是说谎。正如那如此去志于一事的人，乃是一个说谎者；同样，那捏造这种虚假的一体的人，是说谎者之父。那干涸与空虚，实在本非一事，却是完全无有。对于志于此的人，它无非是灭亡的途径。反之，一个人若真志于一事，那事在其内心深处必是一事。那事必须永远与其他事分别开来，始终为一，以帮助那志于一事的人，与它永相合一。

所以，志于一事，只能是志于至善，因为凡非至善，皆非一体，凡志于非一体者的人，必是心怀二意。人所贪求的是什么，他就变成什么样子。志于邪恶的人，也能说是志于一事吗？假如人可以内心刚硬，以致除了邪恶不志于别事，那么也可以说这志于邪恶的人是志于一事吗？那邪恶，岂非如同恶人一样，本身不能和谐，只是自相分裂吗？你若将这种恶人与社会人群分开，关到禁闭之处，那么他在监禁之中，岂不是自我缠扰，正如许多聚在一起的人那样互相分裂吗？反之，一个善良的人，即使离群索居，不与任何人来往，他也是一心一德，且与他四周的事物融洽相处，因他是志于一事，因为至善即是一事。凡实在想要志于一事的，必然是志于至善。当然，有时一个人最初所志的那一事，并非纯粹的至善，只不过是一种天真无邪的事物而已；后来他终于逐渐改变到志于至善，从而真实地志于一事。例如爱心，不时发作，就是这样帮助人走上正途。他只是忠心志于一事，那即是他的爱。为爱之故，生死相许。为爱之故，他愿牺牲一切，他只要在爱中得着那永恒的奖赏。然而，爱本身，就深刻意义而言，不算是至善。但爱可以作为教师，帮助他，引领他，因得着所爱的，抑或因丧失所爱的，至终得以志于一事，即志于至善。这样，人受许多的事物所教训；真的爱心也是教人向善进发的一种教育。

一个人热心向着某一种主义，他的热诚是叫他只志于一事。为那主义，他愿生死相许。他愿为此而牺牲一切，只有那样他才感到满足，因为内心分裂，不能叫他的爱心和热忱满意。可是这种努力，从深刻的意义来说，还不算是至善。这样，热忱成了他的教师。他虽终于超出热忱，但他领受于热忱的实在太多。正如谚语有云，路路皆通于至善，只要人真志于一事。他若是真志于一事，那就算最好的了。但危险乃在追求爱与热忱的人，可能绕出正道之外，不真向着至善，而以那动人的事为目的。至善本来真能动人，但动人的不总为至善。有人为求得女人欢心，而只以那动人之事为念。这样做能迎合女子的骄傲心，而叫她以崇拜来报答你。但天上的父不像那少女一般，并不悦纳那动人的事。良善人的赏赐，是上帝容许这人真正崇拜他。

第四讲　所志出于赏报

II. 若人志于一事是可能的，那么他必真志于至善。

A. 若人真志于至善是可能的，那么他必统一自己，乐意抛弃一切的心怀二意。

所以，若人可能做到志于一事，他就必志于至善。因为只有至善才是一体。这样，若人在实际上确是志于一事，他就必真志于至善。

啊，切愿人在这点上说得正确！因为在这点上，本讲演所关切的，是一般人所过的生活：人人都想向善，可是世间仍充满着三心二意。在这点上，我有自己的生活，有种种软弱，也有我自己的三心二意。我在这里真的不想批评或指责别人。因为想批评别人而不省察自己，就是心怀二意。我也真的不以条件来捆绑人，好像说话者自己可以例外，只以说话为事。若是这样，那也是心怀二意，正如想给别人安慰，而不愿受人安慰，是一种隐藏的骄傲。一个人不管如何机巧干练，或以悲或以喜，表示同情去安慰人，但同时却认为，他自己没有受安慰的可能，这也是心怀二意。啊，我在这里真的巴望不至于伤害任何人，而只是医治他；愿这实际上含着真理的一席话，不至于令人感到苦恼，却能充分刺透那隐藏的心且暴露那所隐藏的！但愿这席话能扫除三心二意而使人心归于至善！可这不靠强词说服。因为若想得着那说服人的快感，靠说服别人来安定自己的心，那正是心怀二意了，也就忘了自己所当做的。啊，但愿这席话能使听者离开说话的人，只将他引向至善！

1. 首先须提出一句容易领会的话：凡为求赏报而志于至善的人，他并非志于一事，却是心怀二意。

至善是一回事，赏报是另一回事，后者也许立时在场，也许暂时或至终缺席。所以，凡为求赏报而志于至善的人，就不是志于一事，而是志于两事。他这样做必定不能在善的路途上有多大进步。他好像不肯用双眼去注视一事，却用一只眼睛向左看，一只眼睛向右看。这是行不通的，只会混淆视线而已。不过我们在这里并不是讲说这个道理，只不过表明这是三心二意而已。古时，这问题也成为讨论的题目。相传有过一些鲁莽无耻的教师们（色拉叙马霍斯，参柏拉图《理想国》I.16.20），很赞同大规模地做坏事而装作好像志于至善。他们以为这样做有两种利益：一方面可做错事而为所欲为，以放纵一己情欲，另一方面却虚伪地似乎在为善。但昔日又有一个纯朴的圣人，他的朴实反成了那厚颜无耻者之诡辩的陷阱。这圣人教训人，人若想确保他所志的真是至善，就当力避表面上的善，以免使赏报成为试探。至善与赏报的区别极大（若人撇开至善单单求取赏报），至善是高贵而使人成圣的；而赏报只是一种试探而已。试探的事绝不是至善。我们这里所提的赏报，自然是指世俗的报酬。至于与至善连为一体的上帝永远的酬赏，则毫无坏的成分。那酬赏也是很确定的，无论是现在的事，是将来的事，是高处的，是低处的，都不能使之与至善隔绝（参《罗马书》8:38、39）。众天使不能使之与至善隔绝，魔鬼更不能使之与至善隔绝。但是，若世界在其本质上不属于至善，有如经上所说，“全世界都卧在那恶者手下”（《约翰一书》5:19），或若世人差不多没有一个是真志于至善；若是这样，则世间的赏报很令人怀疑。因此世间的赏报，只是给世人所认为是善的，给某种程度上似乎是善的，给有善之外表的（像那些厚颜无耻之人所教导的）——自然，这些无耻之徒不会缺少对世界的亲切体认。世间的赏报，诚然是试探人的。

问题不难解答。若有人爱一个女子，只是因为她富有，谁会认为他真的爱那女子呢？明明他不是爱那女子，只是爱她的钱财。他并非爱人，他只是一个需要金钱的人。但若有一个人说，“我所爱的女子有钱，但我是爱那女子”，而他要我们来加以判断，因为判断这事不是我们的特别责任，那么一个较好的答复是：“对于这个金钱的问题，实在是一件难事。金钱的影响力很大，人很容易受到它的迷惑，人认识自己是很难的事。”若那人对这事很认真，他甚至愿意那女子没有钱，好来考验他对她的真爱。因为一个真的爱人会说，“我所爱的女子就只有一个缺欠，就是她有钱”。

那女子会说什么呢？若她说，“我愿意有那优势，即是我使他富有”，我怀疑她是否可算得上是个真的爱人？因为她并非真爱他，只是爱钱罢了。反之，若两人能本着爱，同意用那阻挡他们爱情的金钱做件善事，他们就能专一于爱。我们希望没有人来扰乱这种天真美好的思想说，“人生的现实，必然会教训这对天真的情侣！”唉，有一种对现实贫乏的认识，这认识不仅可怜、卑劣，而且在任何场合都自以为高尚。其实这样的知识，无非是那懦弱、背信、妒忌、虚浮、自高地批评天真之人身上的丑恶。这认识无非是一件羞耻的事，是一种三心二意，是志乎两面而不专心一志，所以他所志的只是虚谎，对于善是虚谎，对于善人也是虚谎。所以，古人所说关于人的记忆的话，恰好适用于现在的人对于现实的认识，即：人们宁愿学习那健忘之术（地米斯托克利，参西塞罗《论讲演家》II.74.299）。诚然，我们学会世俗的知识很容易，可以很快从世上所有的恶人学会。所以，我们宁愿祈望世上有一种法术，使得我们无从学到这种世俗的知识。

现在再来谈爱一个没钱的女子。让我们来思考至善，在至善那里，一切都处于完满的境界，热忱与真理就是美丽思想的纯洁渴慕。为得着赏报而志于至善，是心怀二意。志于一事乃是志于至善而不计较报酬。归根结底，志于一事，就是志于单纯的善而不计较世上的报酬。报酬不因人的所志而来。即使属乎世上的赏赐或报酬，也可能是从上帝而来的。但有人觉得诸般外在的报酬，像世上的赏赐一样，都可能对他成为试探，于是，他甚至连真的报酬也心存戒备，才能正确地志于至善。呀，人不要忘记，甚至这种自行戒备，也可以成为自满和骄傲的试探。

关于在世行善的赏报，若世间的赏报如此危险，那么至善对于世人，实在具有一种教化的性质（虽然这种成分到了人在永恒的赐福中就减轻一些）。因为在世上，凡真志于至善的人，很少被赏报所引诱。至善本身有它自己的赏报，这话是永远真确的。世上没有比这更真确的了。即使是上帝存在这件事，也不能比它更真确些，因为那原是同一而非二。但在这世上，行善时常得到的暂时回报往往是——忘恩负义、不被赏识、穷困、被鄙视、诸般的苦难，有时甚至是死亡。我们说到至善有它的赏报，并不是指这种报偿而言。然而在世上，这就是首先来到的报偿。那为赏报而志于至善的，他所切慕的，正是这种世俗的报偿。因为他没有时间来等待永恒，不能牺牲他的时间、岁月、生活来守候。所以，世上表面的赏赐并不合人心意。相反，世俗的赏赐没有来，则人的三心二意可以消灭，天上的赏赐就可以更大一些，这样反倒更有价值，更加激励人心。

为得赏报而志于至善，实是心怀二意的标志。照着使徒雅各的话，心怀二意的人，“在他一切所行的路上，都没有定见”。他也成就不了什么。使徒雅各又说：心怀二意的人，不要想从主那里得到他所祈求的。这等人为求赏报而志于至善，甚至自我膨胀，公然悖逆，以为自己达到了目标，且有好些盲目愚蠢的人也这样想；各位听众，不要互相欺骗，也不要容许你们的五官欺骗你们。人可能得到他所称为赏报的一些好东西，然而他得到的并非真正的奖赏（报酬），因为真志于至善的，并不会贪求赏报。呀！至善是奇妙的自我统一，保障它绝不致受欺！那为求赏报而志于至善的心怀二意的人，只是假装志于至善，表面似乎得着报酬，其实并没有得到。他所得的，不是由至善而来的报酬。他所得的既非真报酬，所以当他得到至善时，就发现他所得的那报酬消失了。

看那有钱的女子。一个没有真爱情的人可以欺骗她，表面上他似乎爱她，而实际上他所爱的是她的钱。她可能很快乐，甚至心存感激地活在幻想中，以为有人爱她。但无人能欺骗至善。不，在永恒中总是不能欺骗的！在永恒中总是不能欺骗的！没错，在永恒中，人一点行骗的机会也没有。也许在世上人能办到，但不是因为至善受骗了，却是世人为那表面的善所欺骗。然而这种欺骗绝逃不过至善的眼目。至善随时集中它的忿怒在那人身上，将他的欺骗暴露出来。但至善常让欺骗的人得行其道，因为至善知道，其自身能够胜过人的刚强，只有那妇孺般的弱者，才求眼前的是非曲直，求外在的一时成功，正因为他软弱，所以必须得到表面的凭据，证明他是至为刚强的。那真正强而有力的，每每很安静地让那弱者得以自行其道，任其觉得自己是强者。同样，至善容忍那欺骗者的时候，好像是暗暗地对他说："好，你以自己虚假的外表自得其乐吧，但你要记得，我们俩还要再一次面谈。"

心怀二意的人站在岔路口。至善与赏报出现在他眼前。

他无法使二者合一，因为它们根本是不同的。只有上帝所预备的永恒酬赏，即他加在人内里的至善，才真正与至善和谐。因而人在歧路上反复沉思。他若完全凝神致志于反复沉思中，就仍不免要呆站在岔路口，那正表明他的三心二意。但若他能摆脱沉滞思虑而向前迈进，他又会向哪条路走呢？唉，不要问他这事。他也许能回答许多有学问的问题，表现出他的广博知识。但有一件事他做不到，他唯一做不到的事，就是他不能回答至善与赏报这两条路，他究竟要走哪一条。他不断地沉思，企望看到二者合一，可是他的视线终归混乱了。他相信他找到了第三条路，他现在正要走第三条路，这第三条路是一条无名之路。这条路实际上并不存在，所以很显然，他若诚实的话，就无法说他走哪条路。若他不诚实，他就会明说，他要走至善这条路。他这一点使众人心服，也许是他认为这很重要，好让人尊敬他。因为尊荣正是他所追求的一个报偿。那第三条路，是他为自己所守的秘密。他又如何能走那第三条路呢？那条路比钢索还要窄，因为它本来就不存在。他是否坚定不移地向着他前面的目标走去呢？丝毫不为四周事物所动，只专心致志向着他的目标呢？不，只有那向着至善之途走的，他单顾前面的至善，才能这样走。

那么，他像那在大街上寻求快乐刺激的人那样走着吗？

不，那倒是他所不为的。他像一个毫无挂虑的少年，只是轻松快活地在路上尽情游玩吗？可惜他的年纪又太大了。那么，他怎么办呢？在这种情况下，他只好慢慢地走，因为路途太艰难了。他一步步摸索着往前走，每迈一步，都要四顾张望，观察天上的云，注意风的动向，看烟囱冒出的烟是否扶摇直上。他这样正是在寻求那世俗的报偿。而这种报偿正像浮云、清风以及烟囱里的烟一般。所以他不断地探寻着他的路线。他仔细注意路上行人的面容，想要知道那赏报是怎样，须付什么代价；想要知道如何迎合周围环境和人的要求，从而得着那赏报。

他所真正追求的是什么呢？请不要问他这个问题。他也许能回答其他问题，却不能回答这个关于人生之路的问题。对于这个问题，要是他诚恳回答的话，他就不能具体回答，因为答案太简单了，也就是说，他是志于至善而厌弃邪恶——每逢邪恶令他感到厌恶的时候；他是志在得善良人的赞许——每逢那些人居多数且占有权势的时候；他是志在义举——每逢那种行动于他有利的时候。然而，说句诚实话，他不敢确切地说他所志的是什么。他不敢大声而决绝地，毅然以肯定坚决的言词来说他自己是志于至善。他只是三心二意，迟迟钝钝地说。因为他完全知道至善与赏报不会一同配给他。让我们假定，如此粗疏的声明表示至善与赏报起了冲突；同时又假定，这人就是在这种情形下独志于善而行。现在再设想，那种赏报不给他，那正是世上常有的事。那么他会怎么办呢？他会定意志于至善，而且愿意放弃那表面的志于至善吗？不，他决然不会的。那么他是专心一志于赏报吗？是的，但他却不肯坦白承认。那么他是志于至善吗？是的，他为着体面的缘故，也许不时这样。所以，他是假装志于至善——为了名誉与报偿的缘故。实际上，他是为了面子的缘故，间或志于至善。

这就是那追求赏报的人所有的光景。他是如此心怀二意，人若不知道三心二意是领人步向灭亡，则这种人的三心二意，简直令人啼笑皆非。但人若知道这个道理，他就知道该做什么，特别是他自己也不免有着那种三心二意。

论到为赏报而志于至善，还可能有另一种方式。也许有人是极其诚恳地真志于至善。他在上帝面前存谦卑的心，满怀热情，当世界和众人反对他时，他知道为何如此，并且欣然接受。他也欣然觉悟这种反对就是他的赏报，此外再没有别的话可说。因上帝所加给的刚强，并因这种信念而鼓足自己的勇气，他几乎再不想要这世界上任何其他报偿。但不久他又厌倦了。他取了狭义的报偿，和一种较易了解的报偿。一般来说，了解越接近误解，这种厌倦也就越容易发生。因此，这人承受不起永恒。他受不了世界和一般人的反对。所以，他首先就以为至善和人世两者应该合而为一，因而他去求得赏报。最后他索性只要赏报。这样他就向后转了。哦，善始而不能善终！哦，至善啊，你挚诚而严厉，也许就在你让人得着世上赏报的刹那，你却拒绝了他；当你让他得着世俗的报偿时，他竟不知感恩地忘了世俗并不给人报酬，而从你那里得着赏报是多么蒙福！

或许人最初并无如此崇高的想法，只不过真志于至善而已。他最初不认识世界，也未曾想到人生一切可能的遭遇，只是诚心希望至善不会不给他赏报。那么，从永恒的角度来说，这是一个永存而神圣的真理。但从世俗意义上来看，这是一种愚拙而无效的聪明而已。这样，他就跑到那经验的场所去领教；自然，人活着时，总不能不这样受教。人生经验的那所学校是为成年人设立的，较比孩童的学校要严格些，在孩童的学校中，大家年龄相仿，只要留心勤学，就可名列前茅。于是，岁月的流逝将这人送入这所严格的学校中，但他拒绝了。他降低了他的要求。他不想欺骗至善。可惜，他这样做仍于事无补。他以为只要他抓着至善不放手，他就能保持对人生的要求。现在他似乎感到，单是至善就对他有要求。这样，他就泄气了。他环顾四周，这么多人都有办法得到赏报。这样一想，他就不免恐慌，感到心绪茫然，自问为何不想跟别人一样，为何不去把握那确有把握的，反倒去追求心中的幻想。于是，他的心意改变了。他在人生旅途中，恰如学校没有教师时，那些聪明的学生常会遭遇到的一样。好学生若失去了教师的保护，那些庸劣的学生就要得势，去引诱那些好学生。在人生旅途中，我们都是学生，却没有一个眼所看得见的教师来鼓励那些好学生。好学生要想努力前进，必须自行发现自励之道。但他没有找到这个自励之道，他的勇气就失落了。也许他没有发觉自己此刻在世上所追求的，导致他趋赴下流。他成了一个被欺负的人，他曾有志于至善，而世界欺骗了他，不给他报偿，于是世界迫使他放弃至善，变本加厉地欺负他。

第五讲　所志出于畏惧

2. 其次必须说明，人因怕受惩罚而志于至善，他并非志于一事，而是心怀二意。

那以赏报为中心的人有其另一面，他之志于至善，只因怕受惩罚。从本质上说，这与为得赏报而志于至善是同样的；因为避祸与趋利属于同类，都是希望得到利益。善是一事，惩罚又是一事。人若以避免惩罚作为志于至善的条件，那么这个心怀二意的人并非志于一事。这个条件就揭示了他的三心二意，若没有这条件，他就不怕受罚，因责罚的确不是人所当怕的。所当怕的，是他做错事。他若真志于一事，且志于至善，他就当乐意受罚，好让处罚来纠正他，如同用药来治病一般。若人有病而怕药苦，或怕医生来给他动手术，那么他所怕的倒是获得痊愈，纵使他在昏热中坚持说他并非如此，实在仍切望恢复健康。他越是如此坚持，就越清楚地表现出他的三心二意：他虽渴望病愈，却并不决志如此，纵使他有恢复健康的办法。人所希望却不能实行的事，那算不得三心二意，因为这种阻力非他自己所能控制。但人自己若就是达成志愿的障碍（不是说抛弃自己的志愿），这样他仍是心意一致的。他若说既欲坚持，又不欲坚持他的志愿，那么他的三心二意是显而易见的，或至少他在这事上的三心二意是很清楚的。人所怕的若不是那错误本身，而是因错误受人指责，那么这种恐惧不但不能助他解脱错误，反而使他进入更严重的错误，尽管除此恐惧之外他并没有犯过错误。

那出于惧怕惩罚而想要为善的人，也是如此。其实善不能这样达成，情形倒如同一个人因怕患病而为惧怕所袭，以致他一生时常都在生病。怕受罚并不能助人切实行善，正因为惩罚如同药物，怕吃药即是害了自己。但人皆知道，即使小孩子也知道，药若用错了，没有比这更危险的。即使不致丧命，也要得一场大病。灵性上也有如此的大病，即不敬畏那所当敬畏的：诸如庄重的神圣性，在天的上帝，职责的训令，良心的呼声，向永恒的交账，等等。为保障自己不害这种灵性上的重病，人最好能够惩罚自己，痛心疾首地严责自己。让人惩罚他是更有效的，好使惩罚来叫他严肃警醒。不管我们怎样看待这事，人若甘心让自己受罚，那真是于他有益的。

但是，从灵性的意义上来说，还有一种更严重的病，即惧怕那人所不当怕的。上段所说的病是违抗、固执和任性。这里所说的病是怯懦、奴性和假冒为善。后一种病之可怕，正是因为医生惊慌地看见那病人错服了药。诚然，那出于惧怕受罚而要行善的人，似乎并不能称之为有病，因为他真是有志于善。惩罚岂是一种疾病吗？然而他仍是患病，他的病在于把病与药混为一谈。似乎那出于惧怕受罚而志于善的人，不能称之为服了药，所以也不能说是错服了药。因为他真有志于善。他想有健康，是因为他怕服药。但从灵性的意义上来说，灵性之病，既不像人发烧一般，所以它的药也不是那看得见的瓶中之药；因此惧怕就是等于服药，而且是错服了药。这一点在那第二种病患可怕且致命的征候上，很清楚地表明出来。

据说，惧怕穷困的心叫人由挥霍即刻变为吝啬；但从不曾听说，惧怕穷困能使人节俭，为什么不是这样呢？因为他怕服药，是怕服错了。所以，惧怕身体孱弱，使放纵肉欲的人趋于节制情欲（因为所怕的是服错药），却绝不曾使其归于贞洁。由于惧怕，他不至于在邪恶的漩涡中完全忘却上帝

（可悲的心志迷乱！），却逐日以减少放纵来戏弄上帝（可憎的谨慎！）。那惧怕惩罚的心使一个罪人变得假冒为善，使他假冒为善又可厌地以不专一的心来假装爱上帝（因为他所怕的，乃是服错药），却未曾使他变为心志清洁。我们确实证明了惩罚并非疾病，乃是药物。对于那些轻浮的人，卧病在床也许是一种惩罚，但他若真知道这是惩罚，那发烧的病或身体其他的不适倒成为一种药物。另一方面，那只由于惧怕惩罚而志于善的三心二意，至终必为人所知，因为它以惩罚为疾病。那种可能为内心所同情的三心二意，本身是一种过于紧张的愁烦，犹如病人的恐慌心情足以影响药的功效，同样，三心二意之人将惩罚和疾病相混，他并非真想解除痛苦，而只是妄想摆脱药物。

我们现在要问，那该怕的惩罚是什么？更贴切的是问，它的意义何在？当我们想到这问题时，心怀二意的毛病就更明显了。对于同一病症，可能有不同看法，而对于惩罚所具的错误观念既然不同，其危险也就不同了。有人会想到惩罚的意思，是现在近乎还不曾提到的那属永恒的刑罚。一个人若承认惩罚是属永恒的，并因怕受那惩罚而志于至善，似乎不是心怀二意，因为他将惩罚归之于永恒，而那正是至善的归宿。然而他仍不是志于至善，因为他之志于至善，只是出于惧怕惩罚，所以——如果没有惩罚呢！在“如果”这两个字里面，就包含了心怀二意。如果没有惩罚！就在这“如果”里面，发出心怀二意的“嘶嘶”声。如果没有惩罚，或者如果有人可以说服他，永恒的刑罚只是一种幻觉；或是人人都是这样思想；或是他旅行到外国，那里的人都有这样的想法；或是懦弱与伪善的迷信能想出一个更便宜的方法，来免除上帝的忿怒，等等——那会怎样呢?！请看这种心怀二意！它从不信或是从迷信中去找安慰，都是同样容易。若人的三心二意不至于发现它们，它们就找到三心二意的人，直到它们的错误被披露出来。我们若要用一个简单妥帖的说法来表明三心二意，再没有比“若”或“如果”等口吻更合适的了。当一个人的意志能够作主，坚持志于至善，而且确实专志于一，他就不会想到“如果”。无奈人的三心二意不断以“如果”来拦阻他的前进。心怀二意就没有永恒的动力，也就看不见那在前面的宽广无边的大路。所以，他每停一下的时候，都是碰到他的三心二意。据说，一个人用手指画十字架，可以阻挡魔鬼，叫他无法前进。同样，三心二意也因它可悲的符号“如果”，而使自己止步不前。有时，三心二意好像是暂时不存在。三心二意可能用骗人的方式说话。但人若三心二意，他一行动，就立刻碰到那使人瘫痪的“如果”之念。人诚可暂以言语去遮盖世俗，但永恒则要把他行为的本相显露出来。只有对真志于至善的人，有关永恒惩罚的教导才是永远的真实。那惧怕受罚的人，惩罚的真谛不能成为他永远的真实，因为在他心中没有永恒：永恒只能存在那志于至善的人心中。只有一个证据能证明永恒的存在，那就是人对永恒的信仰。

惧怕是一种不可靠的凭据，证明那惧怕的人没有信心，或者有的只是像魔鬼那样的信，但因为不是真信，就总是战兢发抖。只有一事能助人真志于至善，那就是至善本身。惧怕是一个骗人的帮手。它会使人生辛劳惨淡，叫人愁苦寡欢，衰老消沉；它总不能助人达于至善，因它对至善有一个错谬的观念。而至善不会让自己受哄骗。其实至善的本性即在于此：绝不容许任何外人相助，也不容许任何足以产生混乱、引起争端的干涉。若至善注视的是赏报向人招手之地，或者即便是至善自己向人招手之地，它就被迫认为人生有两条路可走：一个是真志于至善，谦卑却欢喜地听从至善的招呼；另一个是由于惧怕而来就善。从灵性的意义上来理解这事，两种如此不同的人，又怎能到达同一目的地呢？就灵性来说，目的地并非外在之物，只要主人一挥鞭，奴隶就会违反他的本意而驱至该地。而道路也并非可以随便让人前进或后退的。灵性的目的地和道路都在人心中，目的地既是奋力向上的人蒙福之境，途径就是奋力向上者持续的革新。至善既是唯一的，它也希望它是唯一的助人者。至善哺乳婴孩，养育幼童，鼓励壮年，扶持老人。至善教导那努力奋斗的人，帮助他，但只能如慈母教她的小孩子学步一般，母亲站得远远的，不去扶持他，却伸展着她的双臂。她模拟那小孩子的动作。小孩子一摇摆，她就赶紧俯身像要去抓住他，因而小孩子相信他不是自己在单独行走。母亲若真要她的孩子学会自己走路，她不能超越这个动作。可是她实在不止于此；她的面容，啊，她的面容，是不断在招呼着，就像至善的赏报，像永恒福乐的鼓励在招呼人一般。所以，小孩子走路的时候，是用双眼注视着母亲的面容，而不顾路径的艰难；他信赖母亲那不加扶持的双手，努力向前投入母亲的怀抱，毫不怀疑他同时是在表明自己不需要母亲的扶持，因为那小孩子正在那里独自行走。反之，惧怕是一个无乳的乳母；一个对青年毫无热忱的纠正者，缺乏招引鼓励；对成年人是一种重病，毫无回春的喜色；对老年人是一种恐怖，到这时惧怕只得承认，人生漫长的苦痛教训，并未带来永恒的福乐。

惧怕也未尝不想帮助人。它想教人独自行走，却不像慈母对待小孩子一般。因为惧怕本身不断地打扰那小孩子。它想助人前进，却不像慈母招引小孩子一般。正是惧怕本身将小孩子压倒，使他不能迈开步。惧怕想领人达到目标，却正是它使人生的目标可畏。惧怕想助人达于善，然而这种学习向善的人，却总未能得到善的眷顾。他也总不能成为上帝的朋友。正如经上所说，不只是强盗与贼不能进天国，惧怕的人也不能进天国。惧怕的人立志进天国，不是因为天国之故，而是出于惧怕惩罚。这样的一个人，即使他不属于那种故意装假的人，然而他岂不是心怀二意的吗？这样的一个人，你若看见梦中的他，他岂不是心怀二意的吗？在睡梦中，他脱去一切恐惧的轭，一切都似乎如他所愿的，他也好像是恢复了自己的本来面目，而他醒来时，若是恐惧不复存在的话，他也会如此吗？正如古人所云，从一个人的梦就可以知道他真正的内心（参柏拉图《理想国》IX.572）。

所谓的惩罚，是那在永恒中的惩罚，因而有人以为凡出于惧怕这种刑罚而志于至善，就好像算不得心怀二意，这仍是错误的看法。他实在是心怀二意。即使是一个好人，在高度恐惧中保持着由害怕受罚而来的奴性的无可咎责，他仍是心怀二意。因为他不断做他心中不想做的，至少是不乐意做的，他所感到的乐意，只属于感性，实际上，是一切属感性的乐意中最卑下的一种。这乐意之所以是乐意，只在于避免某一件事所感到的乐意，不是乐意本身，却只是苦难的反面。他并没有把那惩罚归于上帝和至善。反之，按照他所想象的，至善是一回事，惩罚完全又是另一回事。这样一来，至善即非一事。所以，他的心怀二意就造成至善与惩罚之间的一种张力。他很想惩罚并不存在，继而也想天地间没有至善的存在，要不然，他必是希望无需经过惩罚而跟至善相关。如今既有惩罚的存在，所以他行善是出于惧怕受罚。但那真志于至善的人，懂得惩罚是为了犯罪之人的益处而存在的。他虔诚地相信，惩罚临到爱上帝的人，与其他万事一样，为的是助人。那心怀二意的人，把惩罚当作苦难、不幸和灾祸，想要躲避它，不愿了解它，并将它从善完全剥离开。这正如小孩子的稚气顽皮一般，因缺乏判断能力，甚至割裂父亲的天性，他以为父亲是慈爱的，而父亲对他的处罚是由另一个坏人而来的。慈父本应为爱子而设计处罚的道理，不为小孩子所明白。至善与惩罚的关系正是如此。至善为着爱那学习行善的人，于是就有惩罚。人常常接受教育，只不过人生所经验的教育为成人设有。因此成人所受的处罚，也较小孩子所受的处罚为重。成人的处罚并不容易显露，所以就要更严厉些；并非立即来到眼前，所以就要更严厉些；并不出现在表面，所以就要更严厉些。它不是犯错误后马上加以击打，所以就要更严厉些；有时惩罚好像已经忘记而躲开了，可是它总不饶人，所以就更显得严厉。可是，若人真有心向善，惩罚确因这种严厉而具督促推进的果效。三心二意却不想那样做。它对惩罚的看法，总是妇人之见，没有向善的刚强意志。一个心怀二意的人，越是上了年纪，精神就越加匮乏消沉：他那胜过恐惧的少壮气概已经丧失了，于是他的恐惧心与机巧心同谋，使他好像成了至善的奴隶。这与人真志于至善大不相同。一个真志于至善的人，是为至善所释放，那时他才有真的自由。一个人若只是出于惧怕惩罚而志于至善，他就不是真志于至善；他之于至善，只是处于一种奴隶状态而已。

然而心怀二意所想到的惩罚，并非属乎永恒。它所畏惧的大抵出于世俗和一时。一个只出于畏惧惩罚而志于至善的人，我们必须强调，他所怕的，其实是人所不需怕且不当怕的。他所怕的是：丧失钱财，丧失名誉，别人的妄论忽略，世俗的批判，愚者的讥讽，小人的嘲笑，并那懦弱的诉苦哀鸣，片刻琐屑微末的纠葛，和一些纷纷烟消云散的无常。是的，这种心怀二意的人，在一切路途上都无定见，正如为了赏报而志于至善的人一样，只是不断想着那些流变的事物，不断惧怕那些为人所不当惧怕的事。他怕那些能够伤害、虐待、损坏、杀害身体，却绝不能加害于灵魂（除非有人因惧怕而将灵魂交给它）的事物。若一个人不贪爱世界，或眼前与肉体的快乐，也不贪爱奢华的生活，更不贪慕世上的金钱，人间的权势，那么他就不怕世上的一切，不怕世人，也不怕贫穷，更不怕强暴者的迫害。若他怕这些事，他就是三心二意的俘虏，正如他在这种三心二意中是世人的奴隶一样。

是的，廉耻之心为至善所嘉许。那抛弃廉耻之心的人有祸了！廉耻之心，是人一生中常施救援的良伴，抛弃它的人有祸了！廉耻之心助人成圣而达到真自由，那认为廉耻之心为难自己、强迫自己的人有祸了！按照经上的话，人终身独居不好（参《创世记》2:18），但他若以廉耻之心为伴，就必归于善而志于一。一个孤独的人不幸跌倒，若有廉耻之心为伴，就不必像《传道书》所说的，“若是孤身跌倒，没有别人扶起他来，这人就有祸了”（《传道书》4:10），也不必问，孤身跌倒，谁去扶他。因为廉耻之心伴着一个人，要胜过最好的朋友。廉耻之心帮助人，胜过一切人的同情；人的同情容易引人陷于三心二意，不能志向专一。无疑，人若受别人所注意关怀，较之他以为不受别人所关注时，举止行为会更为明智、有力量，也表现得更能自我约束。但问题是，这种聪明，这种力量，这种自制，是真的呢，抑或是由于不断被注意而慢慢地流于虚伪，使人在心灵中掀起那些三心二意而无定见的羞愧？人若在艰难困苦之中，对自己并对别人更觉羞耻，至终会成为别人的奴隶。人若在众人面前，比独自一人时更觉羞耻，这岂不是以“显为不是”比“不是”本身更可耻吗？反过来，人岂不当以自己的真面目比他在人前所显出来的样子更为可耻吗？若不如此，则人不能真正心志归一，而只是想在人前假冒为善；他想讨人喜欢，但那只是海市蜃楼而已。

那因怕人论断而在人前感到羞愧的狡黠者，若他在自己面前不是更为知耻，呀，也许他的机巧不为人所发现，而叫他自己以为是无可捉摸的；结果怎样呢？这个怕人论断而在人前感到羞愧的人，不敢妄用他的权势；而若他在自己面前恬不知耻，呀，也许他自己或他眼目心腹之辈可能甚至想到，只要事情做得机巧，就是上帝也无从彻查；那然后怎么样呢？其实我们不必等待，要看将来如何，不必等待去看那三心二意的后果。我们这里所谈的只是他当下存在的三心二意，这件事早已很显然了。不管别人是否知道，三心二意总是真实地在那里，而当事人是可悲的。请不要忘记真理本身宣布说，虚假的人是可悲的；的确如此，即使那人自己或一切旁人都以为他是幸运的。老实说，人不知道自己可悲，这不仅于他无益，更会使他陷于不幸。反之，那离群索居而自知羞耻的人，却大大有助于他心志归一。不管人间造巧是如何机密，那设计者本人总是透彻知晓。所以，即使他所行的能瞒过众人，不管这隐瞒是多么可靠，但他不能瞒过自己的良心，那是他内心深处的友伴，是他最当感到愧对的。

我们这里并不是说，世上（即使是最腐败的世代）曾有这等人，他不应当畏惧任何世人的论断，作为领他志于至善的引导。但是，若谦卑的人在那尊贵的人面前所生的羞愧之心，真的对他有益，则有一个必不可缺的条件，就是那人必须在自己面前更感羞愧。所以，我们可以说，那真正对人最为有益的，是在已死之人面前感到羞愧。若他在一个活人面前感到羞愧，那就权当这人是已死的，或者（也许听众乐意听到一个较为优美的表述，可是仍含有同一意义）把他当作一个改变了形象的人。一个死去的人正是这样一个改变了形象的人。一个活着的人会犯错，会改变，会被时间打上烙印。若那人是真正可敬的，他会通过警告提醒你这件事，好叫你不因他的关系，以致心怀二意。心怀二意常因人听从旁人而产生。活人有时对你过于认同，有时又过于不认同。若你每天见到他，你的羞耻感或者会降低，或者猛烈如疾病，以致你想有一种魔法来欺骗那可敬之人，你想讨他的喜悦，用尽各种方法去得到他的恩宠，因为他的看法成为对你而言最重要的事。这态度是多么容易将人引向心怀二意的危险，除非你对他如同死人，你那因他而生的三心二意不会终止。离开他，但不要遗忘他。你必须与他分开，好像他死去一样，使你在地上再不接近他，叫你此后只回想他那可敬的人格中称为最美善的事，只在这时上述的危险才能离开你。人不能欺骗那已死去的人。一切恩宠、劝告和匆忙，都是世上生活的一部分。死去的人不再看见这些表面的事，改变了形象的人既不能了解，也不想了解这些事。

你若不想抛弃这些事，就得撇弃那人；而且你必须（若你敢）冒犯那改变了形象的人，与他断绝关系，甚至除掉他。你若不视他为改变了形象的人，他对你而言就不复存在。对于活着的人，你与他说话的方式就不同了，因为他也存在于世上，而你若把他稍微改变一下，结果无非使你灭亡，使他不再受尊敬。你这样做，好像你还是倚靠他，听他的话，受他的当面赞许，而在这种联合中，你们俩也许知道关系早已改变了。但那改变了形象的人只是以变形的情态存在，他是世人眼所不见、耳所不闻的，只存在于神圣肃穆的羞耻心中。他是不能改变的，一点也不致改变；他稍有改变，你立刻就会知道，而且他对于你就不复存在了。那改变了形象的人是只以变形而存在。他不能再改变了。他是一个已经逝去的人。他将对自己永远真实，始终如一——他是一个得了荣耀的人！所以，在那样的人面前知道羞耻，因而更坚强有力地去志于至善的人，又怎能变为三心二意呢！然而，即使最正直的人，仍不免受种种软弱的袭击，偶尔离弃正路。不过他抱着一个希望：上帝是存在的，宇宙有公正的管理，上帝的惩罚会使他醒悟回头。这其间的差别何等大！一个真志于至善的人反倒指望上帝的惩罚；但那三心二意的人，只是由于怕受惩罚而志于善，他志于善并非出乎真诚。

心怀二意的人站在岔路口看见两件事：看到至善，又看到那可怕的刑罚。两件事在他眼中并不一致，因为虽然上帝的智慧安排那与罪俱来的刑罚本为善事，但是人若不以感恩的心去领受它，而只当它是一种灾祸而惧怕，它就不再是善了。但那心怀二意的人心中很少能想到上帝的惩罚，只是想到世上的惩罚。但至善,与世界所给人的惩罚，是不相等的。难道世界真的如此圣洁完全，如同上帝一样，以致它所赏的是善，而所罚的是恶吗？难道一个人相信他从上帝那里领受了他所愿意效法的人生模范，真会这样去崇拜世俗吗？是的，当人们在喜庆时所聚集的地方，以种种的讲演和辞令来彼此欺骗时，会听到有冠冕堂皇的话说，我们这个世代、我们这个世纪和世界是如何进步。但是各位听众，你们作为父亲的（我深信“父亲”这个词对你们有崇高的意义，你们知道它在你们肩头上所加的责任），把儿子送入世间时，是否敢对他说：“儿啊，你安心出去吧，只要注意那众人所赞许和世俗所奖赏的，那就是善，凡世俗所责罚的，那即是恶。而今不同以往了，现在众人的判断不再如同水中的泡沫——尽管大声宣讲，却是胡言乱语；尽管说得尖锐而坚定，却是瞎说；难以明白，因为它比妇女更换妆扮还要迅速。现在毫无疑问，善即是那眼前的胜利。善并不需要牺牲或克己，因为世俗所求的即是至善。现在群众喧嚣的论断即是哲人的判断，孤芳自赏的人是傻瓜。世界即是上帝的国，天堂只不过是它的反照。现在世界是最高的真理，是人生唯一的依据，是人所唯一能信任的。”

各位听众，这话诚然用不着问，我早就知道你们的回答是什么了。但我仍想问一下兴高采烈去参加那些节庆的人：若是你们以父亲的身份对儿子说话，你们敢说上面那种话吗？若有一个诚心诚意的少年人，双眼注视着你，而且全心信赖你，你说什么他都相信，并且心存感激，矢志要终生遵行你的忠言启迪，你敢以上面那种话教诲他吗？又或者你见到一个可爱的、心存热忱和美丽情怀的青年人，他听见（或在书报中读到）有些人格伟大的人与艰难沉重的命运搏斗，在世上遭受重创；或是那光明磊落的人，因世俗承受不起他们的光明磊落而被弃绝。这时，你要对这样一个可爱而天真、对你满有信心的青年人作证。当时没有群众叫嚣来影响你，只是在那亲切的恬静中，你须负责说真话；这时你是否敢问心无愧地说：“今日世界已经光明完美了，你所听到的那些事不会再有了。现在，你去追求世界和它的风俗习惯吧，这与昔日耶稣所说要先求上帝的国和他的义，是一样的。”

哀哉！人渐渐老成时，就学会了人生的一大套技巧。其中之一就是，他习惯于说许多他未曾好好思想过的话。他在同代人中学会了转弯抹角，说种种难以揣测的话，忘记了一切坦白正直。有时，他口中也吐出那种直白而惹人动怒的言语，“我们今日所处的是怎样的世界，你是很明白的”。又有时，他却赞美世界到了偶像崇拜的地步，而这两种说法的不一致，他并不留意。先前他所说的世界的败坏，并不能打动他。世风日下，并不能叫他恐惧战兢而决心要救自己。后来他所赞美的，也不能因为他相信世界的完美，而使他的心更加热烈向善。哀哉，他与世人同流合污，浮沉于那些寻常的习性中，他在玩弄言词的时候，几乎抛弃了他自己。

但即使世上最顽皮的人，当他对着少年人、赤子、小女孩说话时，也会有羞耻之心。在这一点上，天地间倒还存着恕道，即少年人带着赤子之心来受教于长者，长者劝诫少年人时，常存羞耻之心。愿上帝赐予那些与少年人说话的人一个机会，叫他们劝诫少年人时，在羞耻之心上得着些益处！

在劝诫少年人的事上，值得注意，长者千万不要在少年人面前渲染出一幅恐怖的世界图景。这样做并非诚恳，只是一种病态的想象而已。但在劝诫少年人时，他不当带着欺骗去特别强调世间的惩罚，来引导少年人陷入心怀二意的危险。他这样做，不但不能使少年人在至善之前，得着那圣洁的敬畏和羞耻之心，反而令他怀着世俗的戒心而污损他的纯洁，令他害怕丧失钱财、名誉，害怕别人的忽略，世俗的批判和轻视，愚者的讥讽，小人的嘲笑，并那怯懦的诉苦哀鸣，琐屑微末的纠葛，和一些纷纷烟消云散的无常。可悲的是，对于许多人来说，这些崇高思想只不过成了那镀金之物的堂皇外表，在人生的三心二意中，历经剥蚀而归耗丧。但即使一个被心怀二意所剥蚀殆尽的人，每逢他劝诫少年人时，却因羞耻之心的提醒，而不敢不说到一件事。他劝诫人的时候，仍必说（说这种话的人，并非指着什么特别的人，正因如此，对至善的赞美更是荣誉，因为它并不需要非常的口才，倒是一个世上最顽皮的人，可能对少年人说劝诫的话，即使像他这种人，也必会说），“不要怕，且不要急着去论断人，却要密切注意自己，坚持志于一事，诚心志于至善，从今以后，让这种态度去引领你，不管它领你到何处，因为它至终会领你达到胜利。让它今生引领你：不论引领到富足或贫穷，荣誉或羞辱，生命或死亡；只要不放弃这一事。握着它的手，虽在危险中，仍可放心前行。即使有生命危险，你仍如同一个小孩子握着母亲的手放心前行。是的，你更要放心些，因为小孩子并不知道有危险”。所以，若要劝诫人，他应当警告人不要怕世上的惩罚，那只是三心二意。

常有人说：“一个人行善，就会受罪。”这怎么可能呢？这种惩罚从何而来呢？当然不是从上帝而来！那么，是不是从世界而来，也就是说，当世上的智慧认识到错了，它就赏恶罚善呢？也不是，这不是“世界”二字所含的意思。世界的名字没有那样的意思。那是表达不当。“世界”二字，说来虽大而可怕，然而它必须同那渺小可怜的人一样，遵守同一法则。即使世界汇合着它所有的力量，有一件事它仍不能做，即它不能惩罚无罪的人，正如它不能将已死的人置于死地。

是的，世界有它的权势。它可以将许多重担放在那天真无罪者的肩头上。它能令他的生活辛苦艰难。它能剥夺他的生命。但它绝不能惩罚一个无辜的人。何等奇妙啊，这里有一个界限，那界限是看不见的，恰如一条容易为人眼目所忽略的线，但它却具有永恒的力量足以拒绝任何侵犯。世人的眼目只集中在大事件上，容易忽略了这界限，因为它在眼前是微不足道的，但它始终在那里。也许它完全隐蔽，是世人的眼睛所看不见的。清白无辜者的部分痛苦，也许在于世上的不公道，在世人的眼中，这似乎是一种惩罚。但天理中却自有界限，而且是至强无法抵御的。即使世上的一切都颠倒纷纭，万事万物都趋于混乱失序，但这界限始终有条不紊。它的一面是公义（对无罪者而言）；而另一面（朝向世界）是一种永恒的不可能性——不可能惩罚无罪的人。即使世界想要消灭无罪的人，使他归于无有，然而它却不能废除那冥冥之中看不见的界限（也许正因为它是看不见的）。即使在人自愿牺牲性命的刹那，那界限仍然存在：就在那时候，这界限具有永恒的力量，它抓着永恒那围困一切的力量，它的一面是公义（对无罪者而言）；而另一面（朝向世界）是一种永恒的不可能性——不可能惩罚无罪的人。

善良的人真正站在永恒所护卫的界限之内时，他就会坚强，他比全世界还要坚强。他看似为世界所胜时，却显出是众人中最为坚强的。但那懦弱无能、心怀二意的人，却抛弃了那界限，因为他是出于惧怕世上的惩罚才志于至善的。世界既非真正完全的境地，那么人的三心二意，就叫自己向庸俗的权势投降，或自甘矢志为恶。

第六讲　所志出于自私

3. 我们更不须说，凡以自我为中心而志于至善，并希望成功的，他并非志于一事，而是心怀二意。

假如一个人志于至善，是为了自己得着胜利，那么他是为着赏报而志于至善，他的心怀二意是很显然的，正如前一讲里所指出来的。这样的人实不在乎为善，不过乘机把善的成就当作胜利的成果而已。另一方面，若人确实希望至善自身胜利，若他所称为胜利的，不是他的得胜，而只是善的胜利：这样，他还是（或还能被称为）心怀二意吗？是的，但是他的心怀二意更隐蔽（判定清心与心怀二意两者之间的界限，于此处实在是一个复杂的问题），比那显然纯属世俗的心怀二意，更为大胆而僭妄。这种态度是一个最有力的欺骗，看来似乎很接近清心而真志于至善，但实在是极端相反，恰如高峰与深渊一样，恰如那耸入云天的骄傲是从那下临无极的卑微而生，恰如人想把那隔开永恒与世俗的界限混乱，妄想他已临近永恒。他不是为了赏报而志于至善。他的志愿是要叫善经由他本人而得胜，他就成了善的利器，善所拣选的代表。他不要世上的赏报，那是他所藐视的；他也不要得人的赏报，那是他所看不起的。然而他却不想作一个无用的仆人（参《路加福音》17:10）。他所坚持的赏报是一种高傲，这正是极其粗暴的三心二意。真可谓粗暴之至，因为他无非是以粗暴去袭取至善，并将他自己和他的作为强加于至善。人若不肯抛弃他那最后的自大自信之心，不愿志于至善之所志，又不以至善所愿望的方式去求得至善的胜利，那么他就是心怀二意。即使他知道如何向人隐藏这三心二意，即使他向自己把它藏匿起来，即使我们用真确的言词来隐藏他的心意，称之为自愿或决心，因为这样说更为好听，并好像适用于他那敢做的精神，这样，他还像三心二意吗？不，他这样做似乎不像三心二意了，但他实在是三心二意。

在这种三心二意的人看来，善为一事，善的得胜又为一事，而善经由他得胜，则更为另一事。是的，就永恒而论，至善始终是得胜的。可是在时间上并不如此，从现世来说，它的得胜可能需要很长时间。胜利来得很慢，而胜利表现得不确定，更像是一个漫长迂缓的过程。至善的忠仆往往在他生命告终之际，在他临死之时，好像他还未曾为至善成就什么。然而他是一个忠仆，真志于至善，他也得蒙至善的宠爱，至善喜欢人的“顺从胜于公羊的脂油”（《撒母耳记上》15:22）。“唉，为何要有时间的阻碍呢？若至善在永恒中始终是得胜的，它为何要在那悠长的时间中慢慢地向前爬行，而几乎在迂缓的时间线上覆灭呢？为何要如此劳苦奋斗，在那使时间漫长的不安定之中前进呢？为何那些诚心志于至善的孤独‘个体’如此分散，距离如此遥远，鲜能互相呼应相见呢？为何时间在他们心中是如此沉重呢？在永恒中既然如此迅速就能成就，为何要在时间中耽延、将他们分离呢？为何将那永生不灭之灵放到世间与时间中，像一尾鱼被人从水中网出而置于沙滩上呢？”凡提出这种疑问的，不管是谁（即使他是在苦痛呻吟之中，他的言词还是一样的），必须小心，因为他不知道他是借着什么灵在说话。唉，人常常把急躁与谦卑顺服的热忱相混淆，而急躁之心也自行走进混乱之中。人“为善之故”而早晚活动，终日惶惶不安，大声喧嚣，好像一个病人，把自己摔倒在床上，抛却一切为自己着想的念头，就像病人脱下他的全部衣服一般，咒骂世上的酬劳；这样一个人置身于众人中间时，群众则跟随他的认知，以为他受了灵感。然而他却是极端相反，因为他是心怀二意而非受灵感，正像旋风不是那镇定的和风一般。

一切的急躁和不肯忍耐，都是如此，它是一种坏脾性。它早已植根在小孩子心性中，因为小孩子凡事都不肯忍耐。在心怀二意者的心中，时限与永恒很清楚地不能并存。他不能、也不愿了解至善的迟缓；至善的迟缓是出于悲悯；出于喜欢人有自由，它不愿用力来勉强；为了以智慧审慎对待软弱者，它不愿用任何欺骗。那心怀二意的人既不能、也不愿谦卑地去了解至善无须他而仍能进行的事实。他是心怀二意的，他的热忱似乎可以使他作一个使徒，而他竟很快就作了犹大，他想加速至善的得胜，反倒卖了主。他似乎狂热地爱着至善，但他因至善而感到羞辱。他因至善的贫乏而感到羞辱，因为后者在时间中显得迟缓。他的志于至善，并非不顾利益。他狂热沸腾，凡狂热沸腾的人，都贪爱片刻欢愉。凡贪爱片刻欢愉的，就惧怕时间，他怕时间将他的三心二意显露出来。他也要混乱永恒，若不然，永恒就更能显露他的三心二意。他终归是一个虚谎者。他把永恒当作一个平面的、骗人眼目的错觉。他把永恒当作划分时间界限的朝霞暮霭。他以永恒为瞬间所变的戏法。

这种心怀二意的人也许世人很难看得出来，因为他的三心二意并非在这个世界里显出。世上的赏报与惩罚，都不足以作为他的告发者，因为他以一种更高的欺骗手段胜过了世界。所以，他的心怀二意是在时间与永恒交界之处，始被发觉。在那里，他的心怀二意总是被那无所不知者清楚地看出来。那心怀二意的人，不以那超乎一切之上而叫人得安慰的赐福保证为满足，这种保证是声明至善在永恒中总是得胜的；这赐福保证乃是出人意外的平安保障，让那无用的忠仆每时每刻内心都可得着的，即使时间很长，而他似乎毫无成就；这赐福保证容许那失去荣誉的无用的仆人说得比国王的名言——“一切都丧失了，只剩下荣誉”（法兰西斯一世在帕维亚战役中被俘后所说的话）——更加响亮。而且即使荣誉也丧失了，仍然可以说毫无丧失，一切都得到了。

但这种心怀二意的人，在世上不易被人看出来。他不为着赏报而志于至善，若是为着赏报，就会在得意或灰心时显露出来。他不因惧怕惩罚而志于至善，否则，他在避罚时所露出的怯懦之心，在无法避罚时所露出的丧胆之心，就会显露出来。不，他毫不惧怕，他愿意牺牲一切，却不肯牺牲自己，不肯忘怀自己，那是他所怕的。

那心怀二意的人站在岔路口，看见两件事出现：“至善”与“至善的得胜”，或说“经由他而得胜的至善”。这后者自然是胆大唐突，但是开头的那两件事也不完全一致。在永恒里，“至善”与“至善的得胜”本是一回事，但在时间中并非如此。二者必定分开，因为至善本身愿意这样。至善把时间的迟缓当作一件破烂的外袍穿上，人必须与这外袍的更换更一致，凡有志为善的，必须穿上那无用仆人的卑微形象。他不得凭肉眼看到至善的得胜。只有凭信心的眼睛，才能得见永恒的胜利。他就是在这一点上心怀二意。有一种心怀二意，将至善在永恒中统一在一起的善性分割开来；而他的那种心怀二意，是将至善在时间中分开的事物统一起来。前一种心怀二意的人，因忘记永恒者而误用时间，后一种则是误用了永恒。

第七讲　有限度的志善

4. 在进而研究清心全意之前，我们至少得对那常常变换的一种心怀二意加以检讨：那就是在日常生活中所见到的属乎意志薄弱的二意；人志善只到某种限度，即是三心二意。

人对至善的一切心怀二意，归根结底，无非是志善止于某种程度，不肯全心持守。不过以上各讲所论到的心怀二意，犹可说是三心二意向往“大事”上的欺骗行径，但其中还存着一种贯穿一致，因为它确曾志于一事，不过是偏于一面而已，这种偏于一面虽然奇怪，却正是那种偏于一面之人的心怀二意。

在人生日常琐事上的心怀二意就不同了，因为这些事并非所谓“大事”。在日常生活中，很少看到什么人以始终一致的心，去志于恶事。人生日常事务包含着各种小事，所以在个体的三心二意中就表现出一种更大的分歧来。

我们很少看见商人只售卖一种货色，同样，那种具有一致性的三心二意也是少见的。一般商人总是售卖各种不同的货色，人的三心二意也是包含着各种不同的事。因此，侦察虚假的道路，要比发现清楚的道路难得多。不但如此，那虚假的道路以极端的分歧互相交错，并且与正路交错，那三心二意的人也就同样地分歧交错。当然，这人的生活之陷于三心二意，是看得出来的。但不容易更精准地辨别出来，因为在他那三心二意中，未尝一心一意志于某一事务，却如同在微风中摇摆不定。他不断地学习，最后却不能明白真道（参《提摩太后书》3:7）。有时他差不多达于真道，但他越受三心二意的混乱教训所蒙蔽，就越撇弃那真道而远远离开。这种三心二意与前面各讲所说的相比，好处是志于至善。虽然懦弱，却站在善的一面；它也不像前面各讲所说的心怀二意那般固执。不过，有时这种懦弱却正是不可救药的。

这种三心二意很难分说，因为它彼此相混，本身又常常不断变换，变得如此迅速，也许在我们想说明它的那番话完结之前，就已变化数次。它不但在各种色彩中玩得畅快，而且它玩弄颜色时，并不受色彩律的支配，它可以任意杂糅驳色，造成种种新的混乱。所以在日光之下，常有新花样交替发生——但那三心二意的老毛病总是顽强地把持其间。还有使它更不易分说的：最常看见它的地方，是在日常生活中，而在那里，它在某种程度上比较一心一意，这样，那心怀二意的人，既然比别人稍为专心一点，就要求受表扬，其实他与别人的差异不过是在程度上，本质上还是一样的。结果似乎是把那真正的、永恒的要求，即志于一事的清心抛弃了；好像那要求已向日常生活提出退休，不再去管束它；既然距离如此遥远，更用不着再提说它了。

在世途的纷纭喧嚣中，日复一日，年复一年，形形色色的人群，人声鼎沸，对以下问题实在全无审慎考查的余地：若一个人有权势，又经营着一项要务，并在他自己和别人的眼中都算是个大人物，那么，他是否全心志于善。人们会想，“如此小心翼翼，真是小气琐碎得可怕！”没有人会考虑到他这样说是何等鲁莽荒唐。不仅如此，人说过这句乖巧的话之后，就匆忙离开了，而这句话也就在形形色色的人群鼎沸声中，口口相传开来。于是在忙碌的人世中，从早到晚，一切的买卖和交易中，就再没有那种审慎考查：一个人是否全心志于至善。只要他锐意经营，甚至是“偷窃搜刮”，只要他积聚起钱财，只要他得到名声而幸免于诽谤（至于他是否真实无过，那倒无关紧要，因为他自己与世人都没时间去考查那件事。诽谤只不过是阻碍他做生意的一种危险），就一切都好了。“在万事忙碌中，停下来去管这些，有什么意思呢?”世人总是忙碌的。是的，这完全是真的，世间万事总是如此，在人世欺瞒存在的范围中，必然如此。但在永恒的国度，一个人是否审慎，就极为不同了。

可是，永恒并非如另一个新世界，好让那些按照这个世界的方法过惯了忙碌生活的人，只要他们幸运，一踏上永恒的新大陆，他们就可以凭着运气去跟随那处的风俗习惯。可悲的是，世界的法度和忙碌的生活总以为永恒离得很远。然而，永恒可能很快临到时间中，即使是舞台上布景转换的专家，也不比它准备换幕更快。永恒似乎迟延缓慢，然而，即使对世界上的一切琐屑微末，甚至是最无关紧要的一句话，它也在任何时刻都有换幕的准备。

唉，我这番话并不是要阻拦那些真志于至善的人，或叫人不去从事有果效的工作，只是切望可以使忙碌的人暂停一下。因为忙碌之催迫人，就像符咒般具有魔力。忙碌施展魔力，叫我们看了实在伤心：它伸手抓住每一个少年人，不叫他有安静省思的机会，不让永恒向他展开灵性成长的奥秘。假使忙碌在它匆促的时候让步，它那浅薄的智慧会相信，一个大忙人能偶尔匆匆宣布生命的较高思想是诚心志于至善，这未尝不是一件好事。那么，这样做真能表明它和至善的真实关系吗？难道大多数人就有理由不尽个人自身本分吗？难道只为着要得到完全之故，就可以特派一个人在繁忙的氛围中去负责宣布那较高的要求吗？其实这较高的要求若有办法能实现，即使是薄弱而不完全，也可以指挥一个人的整个心意，他的坚毅勤奋，并他的大好精力。

这样，在繁忙中，三心二意就会被发现。恰如回音绕于树林，寂静伏于沙漠，同样，三心二意寓于忙碌中。那只在一定限度内志于至善的人，他心怀二意，心志不专，心绪纷乱，都是不言而喻的。但其理由需要加以说明。为何在繁忙紧迫之中，人就没有时间安静去赢得一种澄澈心怀呢？这种心怀是必要的，否则人无法了解自己如何志于一事，并且在志于一事之前，无法了解他内心的慌乱。人不断逐渐进入忙碌之中，真理不断在喧嚣中被遗忘，而种种的牵连、刺激和障碍的堆积——这一切都令人不能较深刻地去认识自己。一面镜子诚然能叫人见到自己的样子，但他必须静静站立。若他匆忙走过镜前，就什么也看不见。若有人把一面镜子放在口袋里不拿出来，他又如何能够见到自己的面目呢？正是这样，一个忙碌的人日夜匆忙，未尝没有了解自己的可能条件。但那忙碌的人不断地奔跑着，从未想到他所具有的那个可能，快要在他的记忆中消失了。然而却鲜有人敢向这样一个人提说这事，因为不管他如何匆忙，他仍有充分时间来想出许多理由为自己开脱，他这样做使自己比以前更为不堪。他所找的托词，正如一个水手相信是海在行走，而不是船。

鲜有人敢向他这样说，因为不管他在别的事上如何忙碌，然而一旦遇上与他兴致相投的人，他准保有充分时间用未成熟的讥笑话来卖弄聪明，他笑话这个说真理的人，说他是人群中的懦弱无能者，是那聪明的大忙人所不屑理睬的——那都是从他自我抬高的角度说的。而且，大众也总是站在忙碌的人这一边，不断到处增加忙碌，堆积托词。正如田野四围的臭气，正如笼罩埃及遍地的蝗虫，那到处飞扬的自宥之辞成为人间的传染病，遍地的瘟疫，把永恒的幼芽吃掉。因为每逢有一个人染上这毛病，就恰好有另一个托词来供给下一个人。一种病症越来越凶险，人无法阻止它，只有一天天加剧侵袭四周的人；然而为自己开脱的毛病，却恰恰相反。也就是说，得这病的人越多，病状似乎就越缓和，人也就越感安舒。若是大家一致认为这种可怜景况（由为自己开脱而来的不健康）是最好的健康，就没有人再敢说别的了。若尚有某人独感不安，强烈反对这种四处蔓延的为自己开脱的毛病，那么我们尚未听到最厉害的托词。还有一句现成的托词在他们面前等着，就是质问那人说，“单独一个人坚持反对，有什么好处呢？”这样一来，那为自己开脱的毛病，就比强烈的病症还要糟糕；因为从来没有人因别人害了那种病死后，他也同样必至于死。

这样，心怀二意的人也许有一种感觉——一种逼真的向善之感。若有人谈到善，特别是诗意地谈到善，他就立刻内心感动，容易受刺激而被情感吞噬。假如世人稍稍反对他，接着有人告诉他：上帝是爱，上帝的爱超乎人意料之外，在上帝的恩宠和眷顾之中，即使是一只麻雀，若不是上帝的旨意，也不会从天上掉下来。若有一个人这样说，特别是诗意地这样说，他就会被人抓住。他追求信心，正如他追求愿望一般，他抓住信心，为的是要它来帮助他。他一旦对这个愿望有信心，就有着一种向善之感。不过这个帮助也许并未按时而至，反倒来了一个向他求助的受苦之人。那受苦之人发现他没有耐心，拒人于千里之外，于是只好满足于他的托词：“我此刻心情不佳，无心顾念别人的苦难，因我自己也有烦恼。”可是这心怀二意的人还以为自己有信心，他相信上帝的眷顾会援助那受苦之人，也相信上帝会用人来作他的工具。后来，他所指望的帮助来了，他就立刻发出一阵感激，念及那至善者爱的护佑，就好像躺卧在温暖的阳光下一般。他当时以为自己正确地把握了信仰。信心在他身上得胜了，胜过一切怀疑和反对。可惜他把那个受苦之人全然忘却了。这种情形不是三心二意，还是什么呢?！假如后来最终谈到反对信心的话，提出种种似乎反对上帝护佑的事，那么那受苦之人，因他推托说无心顾及别人的苦痛而遭拒绝，就成为一种更有力的反对。可是这个心怀二意的人却闭眼不看，正当他相信信心在他心中得胜时，他的行为已推翻这个信念了。一个人想到他已有了确信，而他的行为却把它推翻，那还不是三心二意吗？事实上，人的信心之唯一证据，岂不是借着他的生活实际地表现出来吗？一个人的所谓信念，不会因为事情之不同遭遇而随时变更。虽然有些事可能随时改变人，甚至他的一切，却不至于叫那人今日有信心，明日即失去信心，后日又再有信心，直到遭遇了不寻常的事，就几乎无可挽回地丧失信心（假如说他曾真有信心的话）。

设想有两个人：一个是三心二意的，相信他在上帝的护佑上得到了信心。因为他已经验到上帝对他的帮助，而他自己却硬心地拒绝那位他能援助的受苦之人；另一个人，他有虔诚的爱心，听从上帝的命令，帮助了许多受苦的人，但他自己想得到的帮助，却年复一年未曾临到。请问这两个人中，哪一个是真相信上帝的护佑能眷顾受苦的人呢？诗人的话，岂非公道的定论吗："造耳朵的，难道自己不听见吗？"（《诗篇》94:9）然而倒转过来，这岂非同样公道的定论：凡献上自己的生命为爱牺牲的人，岂不相信上帝是爱吗？不过人在忙碌中，没有安静的工夫去得着那教人平等、教人乐意与人同负苦轭的那种镇静清明的思想，或得着那种使人彼此同心的纯朴。

可惜人没有工夫、也缺乏安静去赢得这样一个信念。所以在繁忙匆促中，连信望爱和志于至善之心，都只成了泛泛之谈与三心二意了。换句话说，人活着而没有信念，或是更确切地说，人总是不断地在那变化无常的幻想中活着，时而有信心，时而没有信心，那岂不是三心二意吗？

这样，感觉就把忙碌的人骗入三心二意的圈套里了。他或者有悔改的念头闪过，而在这念头消失之后，他仍有一种确信，相信有一种赦罪的怜悯（至少他以为如此）。但是在那赦罪的思想中，他仍坚决否认自己犯了任何罪。因此他确信（他如此想）宇宙间有这样一种怜悯，然而在实践上他又否认它的存在；在实践上，他的态度似乎是有意要证明它的不存在。假如有两个人：一个是三心二意的人，另一个是很乐意饶恕他人的亏欠以使他自己可以得到怜悯的人。这两个人中，哪一个真相信这样一种怜悯存在呢？后者证明了有怜悯存在，因为他亲自实行出来，前者却丝毫没有证明怜悯存在，他所行的，只是相反地证明没有怜悯。

或者，那三心二意的人也许有一种是非之感。特别是若有人诗意地述说一些虔诚人，以牺牲精神服务真理、维持正义的时候，这种感觉在他心中会尤为强烈。后来这三心二意的人自己遇到了不幸，就以为天地必显神迹，因为连他都觉得需要纠正是非，难道天公还会打瞌睡泯灭天理吗？他认为在这件事上，他不是受自私的心所激发，而是出于一种正义感。然而只要他自己获得了应得的权利，不管他四周的人受了多少损失，他都会去赞美世界的美好完全。他在这里确为情感所动，但在这感动之中，他却忘记那最重要的一件事，就是人必须以牺牲自己的心来服务真理，维持正义公道。下面两个人中，哪一个真相信世界有公义的存在——是为行正义而受委屈的人，还是为取得权利而行不义的人呢？

人的直觉诚然是最原始的。生命从中涌出活力，有言道：心为生命之源。然而我们必须如同《箴言》所说的那样保守这种内心感受："你要保守你心，胜过保守一切，因为一生的果效，是由心发出。"（《箴言》4:23）人必须清除自私，保守自己的真心勿为自私所侵蚀。人切不能将自己的赤子之心交付它自己的诡计，反倒要将这心交托给至高者保守；正如慈母常求上帝保守她的孩子一样。

在直觉中，一个人总不理解别人。人一遭遇到某事，其他一切事对他似乎都不再一样。他自己感到受苦时，他不理解别人的苦痛，他也不拿自己的幸福为锁钥去发现别人的幸福。直觉往往自私地去了解以它为中心的一切关系，因而与任何别的感觉都处于三心二意的不和谐中。只有本着至诚去彻底了解人与人之间的平等，才能有统一和谐，但是私心短见，常使人的信心改变。即使他的信心不被改变，那也只是一个偶然。它之不被改变，只是因为偶然的原因，他的生命不为任何变迁所影响。但是这种由于命运的娇惯而带来的信念上的不变，只是一种幻影而已。因为当一切四平八稳的时候，那种信念并不稳固。只有万事改变，才能表明信心的真正稳定。人生诚然很难逃避一切变迁，那基于直觉的信念一旦面临各种变迁，就成了一种幻影，一时的印象被简单地放大成对整个人生的思考。

也许那心怀二意的人，对至善曾有一种认识。在他暂时的思量中，至善确曾很清楚地挺立在他面前，如此清楚，在至善的一方确实具有一切好处，至善无论对今生还是对来世，都是有益的。是的，至善深深铭刻在他心中，好像他必能说服全世界关于至善的好处。也许上帝曾要求他出去说服人接受他自己得着的信念，但关于这新得着的信念的考验，并不见被去掉。可悲的是，那思量，那暂时的思量，不管它如何清楚，都很容易隐藏着欺骗；因为思量的刹那与虚假的永恒，颇有相通之处。为了让思量发生，必须缩短时间。它必然把时间缩短很多。的确，它必须把所有感觉和想法--概从时间中赶走，以致它们可在虚假的永恒圆满中成就自己。在这点上，人正像一个艺术家要画一幅山乡素描。这幅画当然不能像真的境界那么大，必须缩到小而又小；这样才可使欣赏的人容易领会实境的轮廓。可是这个看图的人，若真身临实境，那千里辽阔的实景，倒使他认不出这个山乡，也不明白它为何物，假如他在那里旅行，也找不到一条出路。那心怀二意的人对人生正是如此。他对人生的认识，直接受感官所迷惑。他在思量时所看到的那个紧凑境界，现在要完全展开。到这时它不再是密封的，而是活动的。生命如诗人，他与那想用缩略图来作定论的思量者不同。诗人是要把我们拉入实际人生的复杂中心。

那三心二意的人手中拿着他所思量的蓝图站着不动。但他在思量中所抹杀的时间因素，现在开始主张它的有效性。在永恒中，时间显然无法否认至善拥有一切的权利。然而至善容许时间绵延，以致人在他的思量中似乎清楚的事，变得难以了解。这样，人的了解不只是扭曲、倾斜、不明白，更是难以理解前进的路。到了这时，那心怀二意的人，不但自身不谨守他的思量，好让他的思量进而逐渐渗透时间，反倒让时间从他的思量中将他甩掉。呀，人在时间中而毫无思量，毫无清楚的思想，说得更确切些，在时间中再三被欺骗，以为自己有了或有过思量的经验，这岂不是三心二意吗?！人鲁莽地将他那思量的时刻误认为热忱，到了这个热忱真的临到时，他又把他的思量抛弃，误认思量的时刻为迷惘，直到他再在思量的时刻中变为热忱。也许那三心二意的人自己承认他做错了，行为不好，走入歧途。于是在思索省悟之后，明白而显著地让惩罚真如药一般。他似乎以为，从来没有一个医生，能有像他自己对于惩罚的省悟：对他而言，惩罚是一种受用且受欢迎的药。可是正如医生所知道的，惩罚临到时，有如药要治人的病一样，必暂时使病情加重。于是他就急躁不安了。在省悟中，他以为得了医治，也以为完成医治是多么好——只要是完成的话。在这种想法中，那懒汉的想象是偏颇失调的。他总是立刻想到，要是这件事做了，那件事也做了，他就如何妥当自在；却很少想到，他理该做这事，理该做那事。他在省悟中觉得这很可喜，但必要脚踏实地去施行时（思想是悬在空中的），就完全变了。到了那时，他不但不紧紧把握住思想和计划，依着去行，而且把思想抛弃了。他过去是轻浮徒然地思想，以为那所想的，具有药物医病的作用，但只要医治刚开始，他又轻忽地错认他的思想是迷惑。一个人病了，求医生医治，却不愿信任医生，断然抛开医生和他的治疗，这岂不是三心二意吗?！一个病人或许正在洗澡，而当水的温度上升时，他忽然觉得水太热，就不顾危险跳出澡盆，这岂不是三心二意吗?！当病人尚有应加仔细诊查的余地，表示他确在病中，于是他又照以前的样子，从头开始全部诊查医治，这岂不是三心二意吗?！

思量与思考无尽地远离时间与现实，在这点认识中有一个真理，不过那认识的人虽知道这真理，却不了解他自己。没有这种认识，一个人的生活当然就缺乏思想力了。但我们也可以确定地说，这种认识既是由人的想象所膺造的永恒而来，而不是以纯一的意志去慢慢诚恳地求得的，它就会变为三心二意。

所以，心怀二意的人也许曾有向善的意志，因为一个人受他的情感或缺乏认识所欺骗而归于三心二意，他也还是有他的意志，只是由于缺乏能力，他的精神失调中就潜伏着三心二意的病苗。他也有志于善。他不是对自己没有志向、目的、决心和计划，也不是不打算让别人参加活动。但他仍缺少一件事：那就是他不相信意志本身是（或确切地说，应该是）最坚强的，它应该坚锐如剑，可以砍削石头，同时又软如绵帛，可以缠裹周身。他不相信人只是靠意志才站得稳，是的，当万事都失败时，只有意志才是他所必须抓住不放的。他不相信意志是它自己的推动者，却相信意志是被推动者，是可以上下游移的，因而就需要被别的力量，诸如种种主义、思考、经验，以及他人的忠告和人生的规律等所推动、支撑。我们应该拿人的意志当作那使船只载人前行的动力。然而他倒相信意志本身没有推动力，必须拖曳才可以前进，也就是说，要有种种主义、思考、经验，他人的忠告和人生的规律等，连同意志一起来拖曳它前进，而意志本身不过像一只没有动力的货船。这等于削弱了意志，使它“只达于某种限度”，逊于种种主义、思考、忠告，以及它们相互作用的方式。他颠倒、混乱了一切。每个以永恒的动力驶向更美好世界的人视为生命障碍的，他却视之为一种敦促生命前进的助力；相反，那足以为生命前进助力的，他却使它变为阻力，或至少变为一种不表明是非的中立者。这种人若不借那志于至善的意志冲出这种障碍藩篱，就会永远停留在三心二意的内湖，埋头于琐屑事务之中。

一个人踏入人生旅途时，总希望自己一切顺利，同时对别人也存着种种善意。他步入世途的纷纭，就像一个乡下人进入闹市，那里只见诸多人事务缠身，人们匆忙地擦肩而过，各人在茫茫人海中“来来去去”，想找着那属于自己的东西，但那里各事各物都川流不息，好像每时每刻人都能看见他所学得的，在实际经验中被证实的，同时又被排拒的，这样，在那纷纭繁杂之中，毫无安宁停歇——这是多么浩大的一所经验大学。在这里人可以经验到每种可能发生的事，并发现任何事都是有可能的，这使那没有经验的人很难相信。这里至善坐在筵席的首位，罪恶坐在次位，或者反过来，罪恶坐在首位，至善却坐在次位——它们彼此相安地混在一起。这位先生就站在那里，他身上就有了三心二意这毛病的可能。他的感觉是眼前纯粹的现实，他的知识只是由思量而来的，他的意志是未成熟的。唉，可叹呀！很快，他就受到传染——又多了一个牺牲者。这个场面并非新奇，而是旧事重演。这位先生如此，那些已往的三心二意者也都如此——他就拿这一点来为自己开脱，因他刚好领受了那为自己开脱的圣礼。

也许在这时，有另一个人前来说话，这人心怀二意，正如前一个人一样，他不过是想骗人。这人向我们描绘志于至善，说得迷醉动听，使我们期望在世上有所成就。也许他在结尾时要说，那种心怀二意的人在世上一无所成——那就是恐吓我们了。然而我们不是要骗人，更不是要恐吓人；用谎言恐吓人，等同于褒扬虚伪。我们只是要说，从永恒的观点来看，心怀二意的人最终不会有成果。但从另一方面来说，在尘世中，以他的才能和殷勤努力，他倒可以成为富裕且受尊敬的人——或在某种程度上受尊敬的人，或至少在某种情势下一个人所能达到的“某种水准”。这并不是否认他可以成为世上的首富。但成为首富，也只是“达于某种水准”而已。唯有与永恒相关的标准才能超过“某种水准”。尘世以及一切属乎世上的东西，有如它的真理一样，只是达于“某种水准”而已；只有永恒及其真理才是永恒的。所以我们不要谎称说，人志于至善，在世上可以取得世俗意义上的最大成就。不要说出这番三心二意的话，像世人那样。人三心二意，反而在世上可以取得世俗意义上的最大成就，而且我们必得承认，那种三心二意，表面上大抵像有内在的协调和统一。

请看！诚实是一切中最持久的。一个富人因着诚实变穷时，诚实仍在。当那原来富有而后变穷的人死了，世界也被毁灭遗忘，既无所谓贫困，也无所谓财富的时候，诚实依然在。更进一步说，当那原来富足而后变穷的人久已忘记了他的贫困苦痛时，他的诚实仍然在。或者有人以为诚实不过与金钱及金钱的价值有关，它与虚伪、不诚实一样，一旦金钱价值的准则止息，它们二者也都止息。的确，诚实与贫富财物有关，但它更与永恒有关，它不是以心怀二意来与金钱和永恒发生关系，企图与永恒发生一种钱财上的关系。因此诚实可以永存。它比任何东西都能长存，并非只“达于某种水准”才永恒不变。这一断语并不只是一句格言，它是永远有效的真理，它由永恒而生。

另一方面，有一句格言说：人生在世，只有诚实是不够的。但以上两种说法所针对的两个问题，差别很大。一个问题是，能持久的是什么？另一个问题是，我如何度过此生？那只问如何度过此生的，无意于真理。那问什么是可以永存的，虽然他尚活在世上，却已超越了世界，已由时间的程序达于永恒。一个所追问的，只是相对的事。另一个所追问的，是关于永恒的事，而且在试探之时，在他的诚实被考验之时，他若问得恰当，就会在今生中得到，在来世又会得到永恒的回答，那就是：是的，诚实是永存的！是的，“往遭丧的家去，强如往宴乐的家去”（《传道书》7:2），因为在那里人能明白，百年之后，一切都将被遗忘。是的，当豪华之家、宴乐之室久已被人忘却，永恒者却在千万年之后，仍不致被遗忘。

中篇

志于一事的代价

第八讲　随时预备甘受万苦

B. 若人真志于至善，就必为至善愿做一切，或者为此忍受所有苦难。

各位听众，你们若认可的话，在我们继续讨论下去之前，我们必须回顾谈话至此的历程。因为我们的谈话进展本身也很艰辛，必须等它慢慢完成之后，我们才能认同谈话所预设的一切。只有到了那时，谈话的宗旨已经巩固，它才能发挥谈话的真精神，以适当的速度谈话。我们说，清心是志于一事。但志于一事并非志于世界的娱乐，以及一切属世之事，即使有人单单提出一件由他抉择的事，因为那件事之算为一件，也只是由于受了欺骗。志于一事也并非空洞地志于大事，那所谓大事，也只是在人头昏目眩时才可视为一事。**老实说，人要志于一事，必须志于至善**。这乃是首先立定的一点，即人有志于一事的可能。**但真要纯全志于一事，则人必须诚实志于至善**。反之，凡志于至善而不出于至诚的举动，应被称为三心二意。还有一种三心二意，表面上似乎是内心一致，并很有力地志于一事，然而它不过是一种欺骗，实际上它是志于另一事。因为它是为着赏报，或是出于畏惧惩罚而志于至善，或者向善竟成为一种自我依恃的表现。另有一种三心二意是出于懦弱，那是人世间最常见的一种，这种容易改变的三心二意，原是出乎某种诚意的志于至善，可是它的志于至善，只能“到某种程度”为止。

现在我们可以继续讨论下去了。若人真志于至善，**就必为此愿做一切，或者为此忍受所有苦难**。于是我们会更明白，这种分类是将人区分为两种；或者不如说使我们记得，人类本可分为行动者和受苦者这两种人。这样，我们若说愿意为善而做一切，就需要想到行动上所可能牵涉的苦难，而不必称那受苦的人为受苦者，因为他实际上是一个行动者。但是所谓受苦者，是指那些似乎是命运所安排的、无言的、甚至可说无用的苦痛；说它无用，是因为这些苦痛无益于人，也全然无补于事，无论对别人还是那些受苦者本身，都只是一种无谓的负担而已。

1. 人若真志于至善，就必为至善愿做一切。

让我们先来探讨：为善愿做一切。一切——若说“一切”，这话岂不是容易超过各种界限吗？把所有不同的事物，都包括在“一切”这词之下，岂非一件不可能的事吗？既然至善能要求各种不同的人去做各种不同的事，结果不是使我们这里所谈的归于空泛吗？它可能要求某人离弃他那高贵的职守去俯就卑微，捐弃一切产业去周济穷人，甚至为了行善而不敢去埋葬他的父亲（参《路加福音》9:59）。它也可能要求别人去承受所赐给他们的权势与尊荣，去发挥财富的作用，去埋葬他们的父亲，也许要将他们大部分的生命献给忠心，就是要在小事上忠心，直至放弃自己人生的权利，而忠心去记念逝者。我们不必提一大堆细节来加增混乱，扰乱心意。因为这些也叫我们感到所有琐屑微末的事都想挣扎出头，就在这里，有人以为他在做的某件事较之别人在做的另一件事行善更多。若两人为履行至善的要求都做到“一切”，那么他们所做的岂不是一样多吗？若两人都没有做到“一切”，他们所做的岂不是一样少吗？现在我们不再纠缠那些细节，只把这个“一切”简化为基本的统一性和相似性，所谓“愿做一切”是指：委身的意志，对善尽忠，始终不渝。因为委身正是在一切事上的委身，因而在本质上是一件事。这样一来，就不用面对纷乱的小事而头痛于如何取舍了。我们的谈话也可以缩短一些，因为我不必洋洋洒洒列出许多名目，而同时要保持其准确性，因为在我们委身至善、尽忠不渝的行动上，这个原则性的综括与生活中之繁复性的综括相称，没有人会认为这是一件久已定案的事。反之，从永恒的观点而论，我敢说，正是将人生的各种因素扼要归纳起来（因为真正的扼要是永恒），才能使生命脱离烦忧。人若能决心对至善尽忠不渝，就能节省许多时间。因为那吸走人的时间、使人埋怨缺乏时间的，是人没有决心，意绪纷乱，思想不彻底，不够果决，他们高贵的决心不过是一刹那就完结了。正因为这些缘故，所以我们说：对至善尽忠不渝，可使所谓的“委身”不至于与五分钟热度相混。那有决心对至善尽忠不渝的人，就有时间来做一切可能的事。不，他不能这样做，但他也无需这样做。因为他只志于一事，正因如此，他就无需做一切可能的事，所以他有充分的时间为善。

委身至善、尽忠不渝是简要的真理表达方式：愿做一切。这种说法中显然含有平准的洞见，不承认人生或人世环境中有所谓行动者或受苦者的区别，因为受苦者也可能是委身于至善。这一点对思想和言谈很重要，免得发生任何歧见，免得那些在外界成就较多的行动者，洋洋自得地拿自己去与受苦者比较；也免得那些劳苦负重、旷日无功的受苦者灰心丧志，将他们的无用、苦痛，和他们那不但无益、甚至加添别人重担压力的生活，去与那些成就大事的行动者相比较。唉，这样一个可怜的劳苦负重者，往往不但本身无辜受苦，而且必须承受那些骄傲、忙碌、顽固的人对他的严厉批评，那些人虽然惹他烦恼伤心，却无法了解他。

现在我们再来谈谈那些被分配扮演不同角色，在如同舞台的现实世界中生活的人。感谢上帝，事的大小完全没有关系。从至高者方面来说，只要一个人定志愿做一切，那么他所做的事或大或小，都无所谓。呀，永恒者对我们的慈悲是何等大啊！我们的一切纷争、计较，酿成许多嫉妒叹息之声，扩大是非，损害他人，永恒者都不过问。永恒者对各人的要求都是同样的，不问你是至达显贵，还是卑微如尘。即使阳光照在农人屋顶或官宦宅邸上，也不比永恒者看待那最高贵或最卑下的人更平等一些。可是也并非一律；因为若那地位崇高的人并非愿做一切，则永恒必要怒视他们。凭着人工技巧，富人也许终能使太阳照在他的屋顶上，比照在穷人的屋顶上更显可爱些，人却无法凭着这种聪明去戏弄或欺哄至善与永恒。永恒对各人的要求恰恰相同：矢志愿做一切。若这要求成全了，至善就一律平等地赐福给每一个定志对其尽忠不渝的人。

假如我们现在要照世俗的方法来举荐委身。假如我们说，“不管你是跃入还是爬进，你终归都要冒一点风险。你也许能在玫瑰花上一时起舞，然而患难的日子终必来临，所以最好是常有准备”。啊，我们千万不要售卖那圣洁之物，或更确切地说：我们总不要忘记，永恒是不出卖的，它太宝贵了，永不能让那求便宜的厚脸皮的人买去。正如盗窃圣殿的人是最可鄙的罪人，同样，那种狡诈而不真志于至善的人，只是极端卖弄聪明，他们才是最大的罪人。盗窃圣殿的人也许可以夺得圣器，变为自己的财物，因为那些东西只是有形之物。但那个狡诈者想要偷得委身的心，或妄以为自己偷进了委身，那是绝不可能的。那永不止息的公义，是如此警醒戒备着施行公义，那犯罪的人不但不能损害永恒者，就他的行为未曾完成的意义来说，他只是控告自己，算不得有了实际作为。就他与永恒者的关系来说，这个罪犯的绝顶恶行，很像那圣殿中的窃贼，他不是直接去偷圣器，而是跳到守殿官那里说，“我想偷圣器”。那想偷得“委身”的人，在永恒者面前也是如此，他偷不到委身，只是向着永恒者说，“我想偷委身”。因为在永恒中没有任何幻觉，而实际上占据所偷之物，从道德意义上来说，就是幻觉，因此不可能。所以，我们用不着拿欺骗和无效的话去提示人要有决心。若有人想偷偷摸摸地混过一生，让他这样去做吧。真理有时仍会抓住他，使得他为至善而愿意下决心。我们决不要哄人说，他可以狡巧地带着决心，偷偷摸摸地混过一生。

决心，是决志要为至善愿做一切。这不是聪明狡巧地想从善有利可图。可惜，人都有一种能力，一种危险而又伟大的能力。那就是人的伶俐聪明。人的聪明总是不断地要阻拦人的委身。人的聪明拼上生命和所有来争胜，一旦决心赢得胜利，聪明就好像被置于死地，被贬谪为卑贱的仆人，对其所说的话，主人虽愿意听取，却再也不依它而行了。

为了不让自己下定决心，人总在内心误用聪明去摧毁自己。人的聪明在不可胜数的事上妄用了；但为避免枚举一切细节而分散我们对真正重要事项的注意力，我们再用一个简洁的说法来表明如何妄用这聪明：那就是逃避。抛弃岗位，临阵脱逃，总是丢脸的事，但聪明能够发明一种掩饰逃跑的巧妙计策，那就是回避。借着回避，人既不涉身险途，也不因临危脱逃而丢丑。他总不蹈入危险之中，那是一个利益。为着他有那种聪明，因而更得称誉，那又是一个利益。只有永恒、至善以及圣经，对这些享誉殊荣的聪明人回避的功夫另有意见。经上提到这些人，说他们是“退后入沉沦的那等人”（《希伯来书》10:39）。这是多么稀奇的事，一个人以为自己避开了危险，相信自己安全无事（人在逃脱危险之后，诚然会如此相信），正在这个时候，他已陷于沉沦之中。

一个聪明人这样说，“以后就太迟了。若是我冒险深入而被压倒，那时谁帮助我呢？只好一生变成残废，沦为他人的笑柄谈资。那时谁理我呢?”那时谁理他呢?不是别的什么,正是他所信靠、叫他冒险深入的那个能力。然而这帮忙可不是如同一个强壮的去帮助一个较弱的,却实在是如同那无用的仆人,他做一切事都只为体贴他主人的心意(参《路加福音》17:10)。但那聪明的人,凭着回避的帮助,说话好像善本身没有能力,它的能力算不得什么,所以反倒可能是那聪明人(若他自甘冒险),凭着做一切,帮助“善”脱离了困难。若事情真是如此,那么当他涉险之际,自然无人能够帮助他了,而那个聪明妙想,为掩盖它那回避方法所捏造的托词,却实实在在地来到了。所以回避是毫无用处的。

而现在,即使有这么一件可怕的事发生:那忠心的冒险者受了伤害。世上的政府尚且照例关顾那为效忠国家而甘愿冒险的人;上帝和至善对于忠心的义仆,只要后者真是出乎至诚,难道会不照顾有加吗?

即使有那可怕的事发生,即一个诚恳忠心的人不顾一切地冒了险,而政府那时却对他说,“朋友,我不能再用你”。呀,这是多么清楚的一件事,在服侍至善的过程中领受一丝一毫的恩典,都远比不服侍至善而成为最有权势的人更为蒙福!实实在在地说,对那不虔不义的人,这确是一件可怕的实事,但对那诚恳忠心的人,这更是一个可喜的恩典中的真理,就是人总不能戏弄上帝!即或那诚恳忠心的人,不免要吃亏忧戚，这也许正是政府所需要的教训。我们岂不常见，一口井是因有小孩子跌下之后，才被盖上盖子吗？但在那之前，种种最合理的警告和论证都是无效的。若那诚恳忠心的人是充当头一个跌下井的小孩子，他的涉险岂是全然徒劳的吗？

另外有人说："我没有那冒一切险的勇气。"这仍是回避。是借着"一切"这话来回避的。至善要求于人的时候，必会充分计算他的力量。况且，若人真是出于至诚而决心冒险，那么他在下决心的时候，就必能得着充足的力量。但聪明人想靠着回避预先得到力量。他，妄求力量的人，正好像那想在战场上扬名的士兵一样，在未打仗之先就要扬名。然而这个比方仍不准确，因战场能给予人多少力量仍属疑问。但人具信心去冒险，信心本身能予人出乎意外的力量，那是很确定的。然而更确定的是（令人惊奇地准确！），人没有信心就不能得着这种力量！请看，战舰驶入海洋远处才得到命令，小艇却预先知道一切。从灵性的意义来说，只有那定志愿做一切的人，才真的驶出海洋，不管他地位是高是低。那些逃难的小艇，就好像那自以为是的聪明人，只求脱险，不管他地位是高是低。

有人说："我所能做的一点点事算不得什么。"聪明人有礼貌，很谦卑地说："请原谅我。"从他的行为来看，好像至善是一个显贵的人，而志于至善好像是一件显贵的事。但这是错误的。不，他这话正是一种回避。至善并非是个显贵的人。它所要的，只是力行一切，不管是多是寡。寡妇所有的一切，只是一个小钱。在上帝面前，这个小钱就如同将世上所有的黄金堆成山那么大，若有人拥有世上所有的黄金并将它全部献上，他所奉献的，也只不过如同寡妇的一枚小钱而已，并不更多一些。是的，世人要捐献的时候，那收捐款的人，也许出于慈心和礼貌而对那寡妇说，“老人家，你不必捐上这一枚小钱了”。但到了至善面前——我们怎么来形容它呢？它的善德至大，认不出其中的分别来。

有人说：“因为我的妻子儿女之故，我不该这样做。”呀，这方面世俗政府都会顾及，是的……然而在此它是不相干的。可是，若从这个人做丈夫与父亲的立场来说，他若能引导他们全心信靠交托上帝的护佑，我不知道世上还有什么比这事更好的了。信仰生活并不像世俗社会那样，一个人为国家冒险，希望政府抚恤他的妻儿。从灵性的角度来看，人的冒险行为，是他眷顾妻儿的最好方法，因为他这样做，正是对他们表明，他深信上帝的护佑。在这方面，不像在世俗生活中，一个人为国家冒险，政府就会照顾他的妻儿。就灵性方面来说，那畏首畏尾的人，正表明他并不关切妻儿的真正幸福。

有人又说："经验教训我们，最好是将精力分开运用，好叫某一件事成功，这样就不怕在别的事上失败。我必须对自己并我的将来负责，不能将一切放在一件事情上。"是的，愿上帝准许他不把各种苦痛限制在将来，因为那太有限了；但愿他眼中看到，心中也想到：他的将来是——一个永恒之境。

可是，我们如何能谈完那一切的回避方式呢？谁愿意做这种无用的事，去和空气斗拳呢？即使有人能枚举一切，而且把它们约束起来，不让它们像逃亡的人一般，溜到一边去变样而不变本，到那时，虽说理当再无回避的方法，即或再三检查之后，人的聪明以为没有留下再回避的可能了，但仍然还有一个可能留在后面。

就是这样，那心怀二意的人，受他的聪明所诱惑而向种种回避方法投降。"但这样做使他毫无所成。"呀，我们不要欺骗青年人，我们不要坐在那圣洁的法庭外面去谈交易，不要以世俗的狡计去跟圣洁者交往，以为人的诚心志于至善，是要在世上亨通。我们承认聪明人在世有所成就，甚至成就一些世俗的大事。然而冥冥中有一种权能，名为"记忆"。它不但与一切善良人相亲，也与一切爱人相亲。是的，它与爱人如此相亲，他们甚至喜欢记忆的轻微耳语，多过他们自己的彼此相见，以至于他们说，"你记得那时吗，你记得那时吗?”

记忆也访问那心怀二意的人。记忆对他说:“你记得那时吗?……你记得,我也记得,那时要你做的是什么,而你回避后退(那毁了你自己)。你可还记得?你就是靠这样才赚得你的一大份产业(那毁了你自己)。你可还记得那事?你可还回忆那时?……那时你知道,我也知道,你该在哪里冒险,你明白了那里所含的危险,你还记得你的回避吗(那毁了你自己),你可还记得?……可是这事帮了你忙,因为你胸前所挂的荣耀勋章,正使你回想起你是如何回避,并毁了你自己!”

“你还记得那时吗?你自身和我在你心中的默默之声使你深知,你当选择的是什么,但你回避后退(那毁了你自己),你可还记得?正是那时,公众的欣赏和社会的美誉,称赞你是义人,你可还记得?”是的,你关怀着那些公众的欣赏和称誉,因在永恒中,这些都被忘记了。但永恒所不能忘记的,乃是你的回避!“人就是赚得全世界,赔上自己的生命,有什么益处呢?”(《马可福音》8:36)人若抛弃永恒以获得世界与其上一切所有,又有什么益处呢?他若在世上借着众人的钦慕赞誉,一帆风顺地度过,但到了永恒之境却触礁搁浅,又有什么益处呢?若是医生断定病人有病,而他却如世上所有的人一样,妄以为自己完好无病,又有什么用呢!

单就表面来说，人在做决定时，总是妄用聪明去害自己。我们现在说的正是那些积极分子，所谓为善愿做一切的人。他们可能在许多方面妄用了聪明，但我们在这里也不必忙于惹人注意。我们只简单扼要地将各种显著的聪明妄用概括起来，一言以蔽之，即是欺骗。聪明人很知道怎样把至善稍作改变，来争取世人的好感。要加上多少，要减去多少，他都知道。他很清楚如何在人耳边私语，把要说的灌入人耳中，把要做的塞在人手中，并如何紧握着手，又如何把手甩开，不让真理下决心，他知道如何扭转情势，并如何叫自己以委屈奉承去扭转过来，“为的是叫他能为至善成就得更多”。但这个欺骗的秘诀，不管是用哪种方式，都可归结为这一句话：它以为不是世人需要至善，而是至善需要世人，也就是说，总要得人。它以为至善是一个穷叫花子，极窘迫、极可怜，而不是人需要至善。其实人如此需要至善，至善如此为人所必需，以致人不惜任何代价去争取它，变卖一切所有的要得到它。人有了至善就有了一切。然而，世上所有的人都很自然地被那个欺骗的秘诀所愚弄。有人想来戏弄至善，但那在永恒中必然失败，它若在今世看似有一两个礼拜的成功，或甚至一生的成功，那只是对人的戏弄而已。另一方面，聪明的人虽能在世上博得大名声，他也不过是受愚弄而已。众人以甜蜜的幻想自我陶醉，也不过是受愚弄而已。说至善需要人的扶持，正是那欺骗的秘诀。那聪明人的秘诀是，他不以至善所给的可怜报偿为完全满足，他总要以狡计去借着除掉至善的一点点而额外赚得一点点。

那心怀二意的人为聪明所诱而自甘屈服，“但他在世上一无所成”。不，不，我们不要弄错了，他在世上成就颇多。有一大堆至善的朋友，或者说好朋友，围着他赞叹喝彩。那些人自然都相信，他们这样做就是进一步攀附于至善，可是那必然成为一个骗局。因为聪明人自己早已离开至善了。许多人联合起来，他们以为至善是某种非常的理想，一切荣光都要归于他们，一切荣光都要归于他们这个理想。他们又以为至善是某种非常伟大的东西，他们联合起来，为要买这东西。然而这个观念不值得尊崇，即使它被假称为谦卑。这实在是对至善的一种侮辱，因为至善的无量美德，从来不拒绝那极卑微的人，总让人去付代价来获取它，只要人诚心尊崇至善，乐意去做一切。另一方面，至善却要拒绝一切人加于它的愚拙尊崇，将它的伟大美德跟一宗大产业相比，以为“个人”无力购买它，必须大家集资来购买。聪明人靠众人之助，建起了一幢大房子。实在来说，那只是一个空架子（还有许许多多像这一样的），但表面上它还是好看的。然而，在最高且清醒的意义上，能够洗涤甚至极为粗糙的表达方式的是记忆，俗称“讨债”的。记忆有时也去探访那个为众人所崇拜的偶像。这时，记忆喃喃地对他说："你还记得你的那套欺骗吗？你靠那欺骗得到民众的盲目崇拜，建立你这个高塔。"但那欺骗民众的人说："守口吧，不要让人知道此事。"记忆回答说："很好，你知道我不是一个爱争吵的小人，一有人亏负他就急得跳脚。好吧，让他去。只要还在世一日，总不会有人知道此事，就是你死后为人所忘记了，也不会有人知道此事。但在永恒里，这事永远要藏在记忆中。"唉，若是他的主人离家很远，远到他终身不能再见他，这对那无用的仆人，有什么益处呢？若是那离家远游的主人——记忆，一时虽不见面，但至终要在永恒中相处，那么与主人的远离不见面，有什么益处呢？对于一个定了罪的人，即使他在世的时候被判缓刑，但若那被判定的刑罚是永恒所判定的，要在永恒中施行，那对他又有什么益处呢？

所以，聪明人成就颇多。让我们想想这句话：在世间有所成就。关于这句话，我们常听到许多误导人的急躁之谈。人都想有所作为，这当然是好的。这种渴望诚然是一种热忱，但是，想要在自己身上和人生当中明白，究竟何为大有成就，何为碌碌无为，这岂不也是一种热忱吗？假定世上的秩序不从表象去理解，而是如其所是地去看待。假定今世是永恒的一个同质的透明媒介。那么，人心中的每一个永恒志愿，和永恒自身的每一个志愿，就可以在今世直接看明，假若今世也具有同样的理解力的话。这样，那定了志向的人在世上有点作为，在众人眼中算为有所成就，那他心中的永恒志愿就会明白表露，恰如一个呼声的大小，可以由室内的声量大小来表明，恰如那投于水中的石块的大小，可以由它所激起的涟漪来表明。若今世与永恒的关系果然如此，如同声音与回音般交相呼应，则人在世上所成就的，确实足以表明人心中的永恒志愿。凭一个人在世上所成就的，我们就能立刻知道他心中所志向于永恒的是多少。然而若果如此，则那曾降世为人来启示上帝旨意的神子，就不会被钉死在十字架上，为世人所弃绝了（举这个最大最可怖的例子，就可以作为解释世上万事的关键）。基督是在永恒的意义上真志于永恒，然而他在世上却是因被世人弃绝而著称，而且几乎毫无成就。上帝的儿子基督遭遇如此，众使徒如他们所料，亦遭遇如此；还有许多为至善和真理作见证的人，就是那些热爱永恒旨意的人，也遭遇如此。

这样看来，今世显然不足以成为永恒的透明媒介。就其当前现实而言，今世常与永恒互相冲突。这就使那决心要有所成就的志向不太清晰。永恒对见证人越主动，今世与永恒之间的裂痕就越明显。反之，那无志于永恒，而只是追逐今世的，也就在世途中成就得越多。在一切世途上大致都是如此。若有一个不寻常的思想家，其思想特别，多关注永恒，少倾向世俗，他的话就会鲜为世人所了解或听从。反之，若有一个善于辞令而跟从他的人，鉴于群众可能会误解他的特别思想，于是从旁来替他说话，这人的话倒立刻为众人所了解而成功了。那思想家在人生中成为无用之物，而那跟从他的反倒成了要人，在世途中成就颇多。只在罕有的机遇中，永恒与今世的成就彼此一致相符——那是出乎偶然。我们不要侮辱上帝和基督，以为基督在世所遭受的是一个偶然的事件，以为基督一生所遭遇的是一种偶然，若他生在另一个时代，处在另一种社会，他就不会有那样的遭遇了。所以，我们谈到世上的成就这个问题，若要有意义的话，必须对事物暂时与永恒的看法进行区别。这两种看法恰好相反；不论何人，或为了他本身的追求，或为了每一外物的追求，不得不在这两者之间加以选择。就人而论，当他自己正在行动之际，或当别人正在行动之际，要凭行动的结局去下判断（那就是想凭一件过去的事，来作出包含暂时和永恒的判断），这是绝不可能的。

借着感官的欺骗，现在活着的一代人，由于他们误解了至善，就以为能论断过去的一代。甚至他们在论断同时代的人时也犯了同样的罪。可是，一个人对他同辈的论断，应知道他的观点是一时的，抑或是永恒的。到了后来，我们很容易修饰万人的坟墓，论及他们说，“巴不得他们是生在这时”。殊不知我们现在正同样论断我们同代的人。论断人的困难与考验，正是在于人怎样论断同代的人。所谓一时的观点，就是从世俗和繁忙的角度，论断一个人的成败。若凭这种见解，则世上从来没有一件事，像基督教在基督被钉十架时那样完全失败。就时间性的理解来说，世上从没有人像耶稣基督牺牲神圣生命那样徒劳无功，然而就在此处，若凭永恒去理解它，基督却成了一切。因为他没有愚拙地凭那尚未实现的果效，或更妥当地说，凭那已经实现的果效，去判断（因为在基督的十字架上，存在着关于“成功”的两种解说的冲突和争辩点）。你若能见到基督同时代的人，请追问他们吧。他们岂没有对钉在十架上的基督说，这傻瓜，“他救了别人，不能救自己”（《马太福音》27:41）。他同辈的人，特别是那些聪明人说，“这傻瓜，他若肯利用机会，本有权势可以作王，只要他有我一半那么聪明，他就已经作王了。起初我真相信，他让百姓那么说，而他不肯把自己交给他们，乃是他的大聪明。我以为那是他的狡巧，为的是更多煽动他们。但现在结果清楚表明近来我所看清的，他是一个浅薄、盲目的梦想家！”当时许多的聪明男女，岂不是说：“事实表明他太不现实了；他本该结婚的。那样，他今天在以色列人中就已经是一个著名的教师了。”

然而从永恒的角度看，那被钉十架的基督，却在被钉死之时，成就了万事。但世俗之见和永恒之见在基督被钉十架的事上显得最为截然相反。这事不会再有，只有在基督身上才能发生。然而从永恒的角度看，基督当时已成就了万事，正因如此，他才说，“成了”，那是本着永恒的智慧所说的。

现在，一千八百年之后，他若再来到世上，还不能指着那事的结果说“成了”。相反地，他今日仍不会那样说。也许再过千百年，他仍不能凭着世上的结果说那句话。那是过了一千八百年他得胜之后仍不会说的话，却是他死在十字架上，万事都失败之时说的话。他说“成了”，是凭着永恒说的。他说“成了”的话，正是在这样的时候：群众、祭司、罗马兵丁、希律王、彼拉多、街头的闲散者、城门边的过路人，以及各色的新闻记者（若当时有此等人的话），总之，普天之下，一切有能力的人，虽然他们心中的感想不同，但关于这点一致同意说：万事均归失败，毫无指望地失败了。他被钉在十字架上，说“成了”，正是在这样的时候：他母亲站在那里——她仿佛也被钉在十字架上了，他的门徒为这事所威吓，也觉得自己是被钉在十字架上了。这样，连母亲的情爱和门徒的忠信，都为一时之见所蒙蔽，认为万事都归于失败了。让我们从这极惨痛、只在历史上遭逢一次的事（此事只遭逢一次，并不能归功于世人，只因那被钉十架的基督，在本质上，以及在与永恒的关系上，与一切世人完全不同），学习对其他人生关系的教训。我们不要再用人在世俗上的成就那种无知之谈，去欺骗青年人。我们不要教他们忙于眼前的事，而不耐心去追求永恒。我们不要教他们对自己不了解的事速下判断，而不去志于永恒，且在小事上自行知足。我们不要以为这个世代，因为知道前个世代的人行错了，就有优越感。我们这些人若不能分辨当前的事，知道什么是暂时的，什么是永恒的，就不比前代优越。

第九讲　暴露回避的问题

凡真志于至善的人，都将聪明专供内用，为的是要防止一切回避，因而得以坚持他的委身。

聪明诚然是一个极大的能力，但那决志向善的人，则视之为一个狡巧可厌、无关紧要的仆人。他虽听仆人说话，但在行动时，却不依从他的引导。他将聪明当作特务来侦察他自己，他的聪明将每一个回避方法告知他，甚至一感到有回避的嫌疑时，就预先警告他。正如贼知道那条秘密的路，依路而行，警察也知道那条秘密的路，循着这条路去捉贼。就对这条路的认识而论，警察和贼同样有这个知识。

这就是志于至善的人利用他聪明的方法。据说，每个人出生时都带着两个天使，一个善的，一个恶的。这是不是真的，我不知道。但有一件事是我所相信的（我也喜欢听取任何反对的意见，即或我不相信它），人出生时，带来了一个永恒的呼召，是特别为他定下的呼召。在这个永恒的呼召下，人必须对自己忠诚，这是他所能行的一件至高无上的事，正如那位最深刻的诗人所说的："溺爱自己也远不如疏忽自己那样犯恶"（见莎士比亚《亨利五世》第二幕第四场）。那么，做人只有一种过犯：不忠于自己，或是否定他本身良善的自我。犯这种罪的人，并不像那贼或强盗一般。因为没有警察在那里搜捕他。这种罪可以默默无声地偷入人心，无人知道。但即便如此就可以不算数吗？是的，许多人相信人可以求得真理，创作美艺，成就德行，即使他有时为获得世间的好处而对自己不够诚实，只要做得隐秘；即使他有点不拘礼法，将良心中的界石移开；也就是说，即使他以不大正当的手段取得实际的利益，他仍然"能真正服侍真、善、美"。人对真、善、美估价如此之低，以为他们能利用任何人作为有效的工具而产生一种和谐的调子——即使是已经败坏了自己的人都可以拿来利用。

是的，人能欺骗他自己和别人。然而一旦永恒真正侧耳而听，要查知人的动念调弦是否纯正且与永恒合拍，可惜人的装腔作势和犹豫不定立时就被它识破。永恒唾弃这样的人，好像乐器鉴赏家摒弃那损坏了的弦键一样。唉，那真是一种可悲的聪明（不管它如何夸耀它所赢得的物质利益，那利益刚好证明它的愚拙；不管它如何指着荣誉勋章，其实也正指明内心的沮丧），那种可悲的聪明欺骗自己，不知道究竟什么是最高贵的。唯一的真聪明在于助人全意专诚志于至善。

所以，那真志于至善的人，要用他的聪明来反对各种回避。但他这样做是否可在世上成就人事呢？也许成，也许不成。不过有一事他必然做到，他会取信、见爱于自己的记忆。他在安静地面对自己的记忆时（在这点上，他跟那心怀二意的人遇着记忆来威胁撞门的情景大不相同），记忆就对他说，“你是否还记得那个时候，那个时候你美好的决心在你心中得胜了？”于是他回答说：“好朋友，我记得！”但记忆仍继续不断地问着（正如情人之间，记忆是如此亲密，在二人悄悄会晤之外，总是软语再三地问着，“你还记得那个时候吗？”“你还记得那个时候吗？”），记忆不断问着，“你可记得你为那决心所忍受的一切艰辛吗？”他回答说：“亲爱的，那些我已忘记了——让它们一直被忘记吧！但在人生的辛苦奋斗中，当我的思想因烦恼而混乱，连我所明白知道我是诚心志于至善的那件事，也好像忘记了。永恒的使者记忆啊，你正是从记忆的活动中得名。到那时请再来看我，请将那长久系念和加添我心力的会晤再度带来。”记忆在分别时回答说："我指着永恒起誓，这件事我答应你。"于是他们彼此分开，因为在世间的时限中必得如此。他心中大为感动，再看一眼那行将别去的记忆，如同目送那荣耀的圣者一般。记忆离开之后，静默的片刻也告一段落。那只是宁静中的片刻，而不是什么志得意满的伟大时光——因此，他指望记忆会信守它的诺言。他在心灵中保守跟记忆会晤而得着快慰的那种宁静。对于他，这愉快的会晤记忆乃是他的报偿，而这报偿对他是超乎一切之上的。是的，正像一个母亲抱着那安睡在她怀中的爱儿，在她崎岖的生命路上行走，她不怕自己前途的遭遇，只怕她的孩子会受到惊扰。同样，那志于至善的人，不怕世上的烦恼使他不安，只怕世上的纷纭访客来扰乱他心灵中安睡的记忆。

那真志于至善的人，也用他的聪明来应付世事。聪明原是好事，有聪明并不可耻，若警察有聪明，知道罪犯的秘密行径而抓住他来除害，这并非可耻的事。一个好人若是聪明，就知道在真理面前，世人如何想使至善讨人喜悦，群众如何想被人赢得，那令人惊恐的群众，总想那施教的先生在众人之前战战兢兢，用谄媚的话来讨他们喜欢。他深知这一切，但总不踏入迷途，反倒用别的行为来使他自己脱离欺骗；这样，他就不致以不合理的方法去从至善获取利益（例如赚得钱财、名声、赞誉），因而也决不借自己的妄想去欺骗人。若是可能，他情愿不让至善与群众接触。他设法分开群众而把握个体，好让每个人自省。他常用古时那位圣人的话来提醒自己："当众人聚在一起，世人集会的时候，或在法庭之中，或在戏院、帐幕之内，甚或在任何公共场所，大家高声呼喊，鼓掌赞美一些言行；同时又狂呼指责另一些事，声振瓦石，其回响反映出他们的赞美或谴责之辞。请问在这种光景之下，少年人的心岂不是要在胸膛中跳出来吗？"（见柏拉图《理想国》VI, 492B）这诚然是那真志于至善的人所必有的事——人心须震撼跳跃，但须存着少年人洁白无污的心跳跃。所以那志于至善的人若聪明的话，就必认出他为善服务的唯一方法，在于设法分开群众，让他们各自思想。这些人独处时能有志于善，一旦和众人聚在一起，就会立刻受诱惑而变为盲目的群众。为了这个缘故，善良的人不求助于群众以分开群众，他要遣散面前的群众时，也不求群众支持他。

但关于善良的人如何运用聪明应付世事，则不宜三言两语概括，因为用聪明应付世事，会因时因势而完全不同。严肃的先知施洗约翰，当他退居旷野，过着吃蝗虫野蜜的生活，他知道如何对他的同代人说得直接明白：并非真理需要人扶助，而是人需要真理。所以人们必须来到他面前，离开世俗，进入旷野。在旷野里，没有机会让人去粉饰真理，让人去斯斯文文地服务真理；在旷野里，斧子不是放在树林之中，而是放在树根之上，凡不结果子的树都要被砍下来。不错，从施洗约翰之后，世上有许多自命为先知的人，他们审判错误，以斧子砍伐整个树林——群众见了莫不捧场。还有那朴素的哲人，他以诙谐的形式来推动善工。他凭着聪明知道世上的轻浮之辈需要什么，好使他们不至于枉费至善的诚恳，从而以厚酬答谢那诱骗他们的哲人。那诙谐阻止了他们滥用至善的诚挚。另一方面，他们反对诙谐，就显出他们的轻浮来：那就是他们所受的审判。

没有这种聪明，那些轻浮之辈大抵会模仿他装作诚恳。现在他却逼着他们要自行选择，请看，他们选择了诙谐。他们甚至从未看见在至善之中有诚恳，因为他们自己心中本无诚恳。这就是审判和审判官的行为了。那审判官所运用的，可算是异教中极其高明的智巧，用于基督教形式自又另当别论。

然而在这点上，不能一概而论。这只适用于那有入门知识（即他的秘诀）的人，所以我们密切关注这样一个人，就可以由他包装自己的样式，来断定那个世代的真相如何。但我们所公认的真理是：真志于至善的人，绝不是志于世俗而以变戏法变出至善的外表，好在世人眼中赢得赞许，叫自己得到全体大众爱戴。他不是要把至善变成一种暂时的东西，一种在热闹场合给人去投票赞成的对象，或是一种很快就得着的门徒的成绩，志于至善却只到某种程度为止。不，他的任务，不是凭言语、意向，而是凭他自己生命内里专注的诚恳清楚地表现出来，他四周的环境之所以与他对立，绝不是为了让他用言语来判断，而是为了使他自己毕生无条件地以行动来服侍至善。这任务是他自己服务至善的责任。判断并非他真正的功能，也不是他的行为，而是周围世界与他发生关系带来的结果。判断不是他的活动，他的活动是诚心志于至善。然而他所受的苦却具有一种判断的作用，因为世人如何叫他受苦，就在那事上将他们表明出来；同时，他本人借着这些苦难，就得以考验自己是否真志于至善，或是相反自陷于欺哄当中。

最要紧的是，凡真志于至善的人，必不“匆忙”。他以安静和耐心，将他所应得的赏报和应有的成就都交托于至善去掌管。他不容自己有一字的妥协，连顾盼一下也不允许。他不敢为自己稍求免除世上的烦恼，他只求献身于至善，以及献身于可能有助于人并且有所裨益的事。他不是审判者，反倒是被审判的。他只是在这层意义上施行审判——世界审判他的方式显明了自身如何。

他这样做既为世人所反对而受贬抑，就在人生的奋斗上显得狼狈不堪，这样看来他岂不是一无所成吗？在今生他诚然不是没有成就，就永恒方面来说，他更不是没有成就。在今生他不是没有成就，因为那至诚信靠上帝的人是热忱的。他不像一根蜡烛，微焰易被风所吹熄。他倒是风暴所不能吹熄的大火。这火焰正是古时希腊人所认识的那众水不能熄灭的大火！即使世人终使他遭受苦难，他与至善都不因之而失败——因为在世上升，正像在“用水检验”时浮在水面上一样，足以表示犯了过失。世途的成功在于趋骛世俗，而不是真心向善，正因如此，那真志于至善的人，在世俗暂时的成功上鲜有成就，因他不肯与世俗妥协来讨价还价，他既无意于为自己求利益，也就不求自己的安乐与权势。但那记忆是常存的！即使有人真的相信他是健忘的，但我们总不能忘记记忆本身。人若为避免下决心而用狡巧的方法溜走，他的记忆岂不会常提醒他回忆起那个时候吗？那时为要讨人喜欢，他曾将事情颠倒；那时为了避免风浪，他曾离弃职守；那时为了脱离困难，他曾不惜屈服；那时他曾寻求逃避而与众人混在一起——也许为了更有效地争取善的得胜，即为了减少他自己位置的困难，不愿意像一个午夜的守卫，内心恐惧战兢，在他那危险的岗位上，手持武器而独自站着。

真志于至善的人，丝毫不在意世上暂时的得失。但他所得永远的成就，是他成为记忆的密友，为它所亲爱。不管他在世上是否为人所记念，但他总是为记忆所钟爱。世人的记念如同时刻，只不过是连成一串的瞬间而已。永恒的记忆是确实可靠的。离世时，他没有在世上遗漏什么东西，他收拾了所有而万无一失，他获得了一切——因为“对于他，上帝就是一切”。

第十讲　受苦者与医治无效

2. 人若真志于至善，就必为至善甘受万苦。

上面是就行动者来说的。但就受苦者来说，若他真志于至善，他就必为至善甘受万苦。或如前面所讲明的（因为这两种说法仍是一样，由于世上人生虽有种种不同，但永恒在其中的参与都是一样），他必须乐意始终与善相守。一个人也许是受苦、受苦、再受苦，但仍未达到一种决心，仍未真下决心甘愿受苦。一个人也许一生都在受苦，却不能说他是为了至善甘受万苦。就这方面而言，受苦者的受苦与行动者的受苦不同，因为行动者的受苦乃对至善在世上的胜利有意义。而那受苦者的受苦，则是甘愿承担一切所指派给他的苦楚，他是为至善甘受万苦，亦即为要使至善在他身上得胜。

所以受苦者必须甘受万苦。万苦，在这一点上，我们要如何讲下去呢？唉，可悲的是，一想到苦难，人就容易失魂落魄、心神不安。然则我们将如何来简要地说明它呢？因为诸般苦难是如此纷纭不同，而且受苦的时间是如此漫长。这里，我们也用不着枚举一切分散人的注意力，只需简明提出那真正重要的一项。我们在谈受苦这个问题时可以集中于人的“愿望”，因愿望与人想谋求世上的幸福相关联（信与望是借着人的意志与永恒者发生关系的）；同时也正是在“愿望”的某个关节上，人备感痛苦，正是在这个关节上，痛苦不断袭来。若说没有愿望，仍不免有痛苦的话，那种痛苦只能说是动物的肉体痛苦，而非人所感受的痛苦。凡定意要将愿望消灭的，乃是一种精神上的自杀。因为我们现在并不是讲普通的各种愿望，而是特指人的忠心“愿望”，正如我们不是讲那一时即成过去的暂时苦痛，而是讲那真正的受苦者。人的愿望不能医治人的苦痛，只有永恒者的作为方能医治。恰恰相反，人的愿望是苦难中的生命和健康。愿望是人在苦难中的坚忍。正如有一个哲人这样说：“人世的幸福康乐，是一件危险的事。它让伤口愈合，即使它尚未痊愈，但医生知道要让伤口敞开才能让它痊愈。”人在他的愿望上敞开他的伤口，好让永恒者来医治。设若伤口愈合，愿望就被削减掉了，永恒便无从医治它，那么世上的幸福实际上会使疾病无法痊愈。

因此，最好让我们来谈论人的愿望和由此产生的苦难的问题；让我们切实地对这事加以凝思静索，确信与其注意人生的成就，不如考虑人生的苦难，这样就可以更深刻、更可靠地了解人生的最高价值是什么。因为在那些成就中有许多足以乱人心意的事。有些愿望，一经产生便即死去；有些愿望，被我们遗忘如同逝去的昨日；有些愿望，当人老成练达时就被抛弃，不再追忆；有些愿望，人渐次学习加以免除，且感受到免除它们的好处；有些愿望，在人心中消逝而被掩藏，正如一个辞世的人被掩藏于荣誉的记忆里一般。以上种种愿望，是行动者所常有的。它们多少都是一些危险的病症。要医治它们，就得把个别的愿望加以剔除。

然而，还有一个愿望消逝得很慢，它一直留存在那真正的受苦者身上，甚至在他丧亡的痛苦中，直到那人死的时候，它才消逝。因为其他种种愿望，都只是与某一件事和无数目标有关，唯有这个愿望，却是在根本上关乎整个人生的。

这个愿望虽然悲惨，却抱有“指望”，那是多么叫人喜乐啊！有一种指望是产生之后又归于消逝的；它是短暂的，明天就被遗忘了；有一种稚气的指望是老年人所没有的；有一种指望是人逐渐失去的。然而在人死的时候，死的决绝却产生一种指望，这种指望不是与生俱逝，却是在死中产生的。因着这个指望，那因自己心中的愿望而感到苦痛的受苦者，是真决志向善。受苦者似乎从远处向着永恒那种指望，也是如此。

指望加上“信心”，更叫人喜乐。有一种信心是叫人失望而归于消逝的；又有一种信心是丧失了而为之悔恨的；还有一种信心一遇萎靡即如死亡一般。然而临死时，死的决绝却赢得一种信心，这种信心既不叫人失望后悔，也不会消逝，却抓住永恒者，紧紧抓着他。凭着这个信心，那因自己心中的愿望而感觉苦痛的受苦者，是真决志向善。所以有了信心，那受苦者就能把握永恒者而使他与自己更接近。

但是，指望加上“爱心”，最叫人喜乐。有一种爱是如火骤燃而终归忘却；另有一种爱是团结联系而又归于分裂——一种死时即终的爱。然而临死时，死的决绝又产生一种爱，这爱不冒火焰，不涉模棱，不是到死即止，而是超乎死亡，永远长存。因有这种爱，那因心中的愿望而感觉苦痛的受苦者，是真决志向善。啊，受苦的人啊，不管是谁，你会心怀二意去追求世上所能给你的眼前安慰吗？——那安慰与其说让你忘记眼前的苦痛（是的，你是这样想的），倒不如说使你遗忘永恒者吧！你会绝望于心怀二意中，以为一切都丧失掉了（是的，你是这样想的）；岂不知一旦有了永恒者，一切都将会得到吗！你在心怀二意时，会绝望吗？你想过绝望意味着什么吗？呜呼哀哉，那等于否认上帝是爱！仔细想想，凡绝望的人都是自暴自弃（是的，你正是这样想的）；不，不仅如此，他实在是弃绝上帝！唉，不要让那眼前转瞬即逝的事来烦扰你的心灵，也不要劳费心神去贪图世上的安乐。不要用自杀的手段来扼杀你心中的愿望，却要凭信、望、爱来获得最崇高的人生——像最有能力的人所能做的那样，将自己交托给至善。

我们还要再讲一次人的愿望和种种苦痛。若我们所讲不限于磨难的顽强，亦同时顾及勉励受苦者的德行，那么讨论人生的各种苦痛是有益的。讨论苦痛使受苦者不致因我们肤浅的讨论对他的亲身经验产生隔膜，而变为急躁不耐烦，并且使他即使在这种不耐烦之中，亦不致摒弃所有的安慰，而更加三心二意，所以这种讨论值得去做，而且具有同理心。人具有一种愿望，而所愿望的仍是工作和任务，带着这种愿望进入生活是一回事，不带着这种愿望进入生活又是另一回事。请以亚伯拉罕为例（参《创世记》12:1）。亚伯拉罕离开本族本家前往异乡异国，在那里他再也找不到他所亲爱的——诚然，人到一个地方，若再没有什么可以叫他想起所遗忘的事，有时倒是一种安慰，但人若心中仍充满了怀念，则是感到悲苦且得不到安慰。因此人心中也能存有一种包含一切的愿望，每当离别亲眷之际，就开始人生的征途。这愿望就好像在异乡举目全非，一切都无非足以使他想念所撇弃的故物。人可能好像旅行到了异地，虽然仍住在自己家中，只因丧失了自己的愿望，就一如身处陌生的社会。所以，一个人丧失了愿望的苦痛，较之他丧失了思想更为厉害、沉重。即使他未离开原处，他的生命仍是离开他的愿望，沿着辛劳之途，陷入种种无助的苦痛；我们在这里既然谈论那真正受苦的人，于是有别于那些深知自己为某种主义或为别人的好处受苦，而生出自慰之心的人。这光景似乎是这样的：前往异乡的旅途并不遥远，一刻工夫就到了，一些受苦者集中在那个异地，但那些已经止息忧伤者则不在其中；那些永恒不能为之擦干眼泪的人也不在其中，正如一部古老的宗教著作（见 Jose Arndt 所著 *True Christianity*）中所说的，“你若未曾哭泣，上帝又何能擦干你的眼泪?”

另外有人或者从别的途径走到同一个地方。他被那必然性之向导带领着，安安静静地前进。本分跟在后面，领着后队的人向前，严肃而恳切，并不冷酷，因为本分从不冷酷。但所走的路径，却不是那愿望之途。现在他稍作停歇，即使是那两个严肃的向导，也为他的受苦而感动。看哪，有一条旁支的路出现了，“久违了，你是我少年时的愿望，你是蔼然可亲之乡，正是我所盼望能建立与我愿望同居的地方!”这样，他们再往前行，仍为那必然性之向导带领着，安安静静地前进，那严肃而沉着的本分跟在后面，并不冷酷，因为本分从不冷酷。唉，看哪，有一条路从旁边伸到愿望那里，“久违了，我工作的地方呀，在那里我满怀希望借着工作得到满足快乐，能够忘记那些我少年时被拒绝的愿望”。如此，一群人又往前行。然而，情况如何发生无关紧要，地点有没有改变，受苦者是否仍在那个地点，或者受苦者不时变换行踪，跑到别处去，都无关紧要；地方可能始终一样，而受苦者都聚在那可称为毫无安慰、毫无意义的受苦之地。所受的各种苦痛可能有种种名称，但我们不必一一列举。我们只考虑那本质上的问题是在于：那真受苦的人，并不因他的受苦而使别人得益处，却只变为烦扰别人的负担。即使不烦扰别人，至少是对别人无益的苦，否则受苦者就不是真正的受苦者。从最严格的意义上说，是这样的，而我们必须对自己严格，免得我们初次感到事情不顺利时，就贸然自称为受苦者；但我们对那些真正受苦的人，却要更柔和一些。啊，这样一个真正受苦的人，不管你是谁；若有人在他土生土长的地方，到了一个无法谋生的地步，他于是认真地想跑到异乡异国去碰碰运气。也许你会说：“那是什么意思，我怎能跑到外国去，我换个地方有什么好处呢？我的命运是注定的，天下到处对我都是一样。”那是自然，但让我们彼此互相了解；我所说的这个旅程并非很长，命运也并不是已经注定，除非你已经找到了脱离苦难的办法。你所要做的只是一个步骤，一次决心，你就已迁出苦境，因为永恒对你，较比一个要离开本土迁到异乡异国侨居的人更近，不过，你若是到了那里，改变却要大得无穷。所以要跟从上帝，到上帝那里去，要不断地走那一步；那一步，即使是残废不能行动的人也能走；那一步，即使是失掉了自由的罪犯，甚至戴着脚镣不能走动的人仍能走；那一步，就是委身于至善。你若能走这一步，就无人能比你更多做什么，古往今来，世上最伟大的人也不过如此。

但须铭记心中：你受的种种苦，也许被称为并无益处，世人很容易称这种苦为毫无安慰的。但这只是人的话而已。若从永恒来说，那助你达到最高境界的苦痛，其实并非没有益处。唉，苦痛之所以无益无用，只是由于你不让它助你达到最高境界——也许你窒息了自己的愿望，而叫自己在灵性上如一具死尸，感觉不到痛苦。其实正是在愿望上，那受苦者感到疼痛，而永恒者则予以安慰。

让我们再谈谈愿望以及相应的苦痛。我们看见苦痛，最好不要尽快走开。我们应当停步，因为深知“匆忙”是一种致命的绝症，除了思想真正受苦者的艰难道路，并与受苦者一同受苦之外，没有特效药。但可惜的是，人分担别人苦痛的同情心与受苦的时长却常常是成反比的，人的苦痛越长久，别人对他的同情心也就越减少！因为若苦痛逐渐拖长，同情心也就逐渐缺乏：恰如苦痛递增，同情递减一样。人最初见到别人受苦时，会立刻对受苦者产生同情心。但若苦难持续下去，同情心就会逐渐减少。至于那些匆忙的人，他最初的强烈同情心减少之时，更逐渐把同情心变为对受苦者的一种厌憎。是的，个别的愿望可以后来被弥补，而使之成为过去的一部分，但人的中心愿望是无法弥补的。这其间的确有分别，因为有种愿望的苦痛是同情心可以识别的，但有种愿望的苦痛却自行藏匿起来，不给外界究察知道，而秘密地追附着那人的一生。是的，它是带着贫涩的情调去紧追着人生。是的，这种苦痛终生紧追着那受苦的人，好像一个忠实的伴侣，却毫不给他一点同情心。那么，我们当如何讲说这个可能存在却自甘隐藏的愿望呢？我们要讲得叫那受苦者肯承认我们所讲的，以致他不认为我们这种近乎好管闲事的说法是冒犯他，而叫他忍不住走开，其实他所受的那些苦，都是我们想不通，或是未曾设身处地想过的。所以我们讲说这些苦痛的时候，最好是本着受苦者自己的衷情来叙述，至于上帝要赐予那受苦者的光明，则让上帝亲自去灌输到他心中。

让我们假定禽兽也有思想，能交换意见，即使我们不能辨别他们的言语。实际情况似乎也差不多是如此。每当夏季，农家的马站在牧场上，它昂起脖子，摇摇头，没有人确实知道那是什么意思；抑或两匹马毕生同负一轭，并排同行，到夜间放到牧场，它们好像很亲密地彼此接触，用它们的头来表示互相关切、彼此慰藉的姿态；抑或那些脱缰的马彼此嘶叫时，树林中能听到回声，它们在原野上成群结队，好像在开公众大会——所以我们假定它们确有交换意见的能力。

但有时则孤零零地只有一匹马。当这匹马听到嘶叫声，看到黄昏时分众马成群，它就知道它们准备集会，于是它颠颠儿地跑去，希望获知一些关于生活和生活之道的事情。它仔细听着长者们所说的每句话，诸如在未死之前，不当有什么马以为自己幸运；更听到说，马在万物中，是最受凄惨命运支配的。于是那长者诉说了许多悲苦：挨饿受冻，一生都只是为了劳苦负重，直至死亡，更要遭那残暴的赶马者鞭挞，受那不会骑马者侮辱，他们对所走的每一步都不满意，他们将自己的种种大错投放到马的身上，对马横加指责鞭挞；然后到了冬天，马衰老无用的时候，就被驱逐到光秃秃的树林中。

到了这时集会就散了，原本兴高采烈而来的那匹马，垂头丧气地走了："心里忧愁，灵被损伤。"（《箴言》15:13）前边老马所说的一切苦，它都完全了解，可是没有哪个曾提到它自己的苦楚。但每逢它看见别的马聚集时，它还会激动地跑去，指望这一次会提到它的苦楚了。每次它听过之后，离开时都心中沉重。它对别的马所关注的了解得越来越多，而它对自己的了解却越来越少了，好像是别的马都把它撇开，虽然它没有一次不参加。

啊，受苦的人呀，不管你是谁，若是你的苦楚并未因为你想掩盖它而被掩盖（因为你若要掩盖它，就会想出办法来；于是你的行动就要另有解释），如果这是由于人的误解，那么你也曾涉足众人之中，仔细听到了他们的解说，听取他们的教诲，参加过他们的集会。但每次你读完了那本经，听完了那席话，说过了“阿们”之后，你就心灵破碎，因为你心中忧伤，叹息说，“呀，巴不得我所受的苦，只是如此！”唉，但你并不是全然不被了解，即使你自己所做的并不配如此，然而你却要被命定达于最高的境界，达至最崇高者的面前。而且你也不是完全没有人同情。大家所共同关切的，是勉励德行。这事并不如那些为群众所呐喊喝彩的事情那么普受欢迎，因为参加建立德行的人，实际上仍是独自一人，但就至高至上的意义来说，勉励德行仍是大家所共同关切的。那建立德行的思想非等到它能理解你（受苦者），是不会停息的。一个悔改的罪人，岂不比九十九个不用悔改的义人对天上更重要而令天上欢欣吗？（参《路加福音》15:7）你的情况也是如此，你若真是那受苦者，你修德励行的思想，比那九十九个匆忙而不需要修养工夫的人更为重要。即使你不复存在，但那修德励行的思想，在它未解决你这种忧愁苦痛之前，还是不会停息的。一番勉励德行的谈话，若只想在人与人之间谈到种种关于人生的不便，而不敢提到最可怕的苦难，那就有祸了。这番谈话是毫不坦白，若以勉励德行之名自居，就不免问心有愧。那些匆忙的人是既不劳苦，也不负重（参《马太福音》11:28），只是一味忙碌而已，他们以为有了这种巧计来避免一生的苦痛，就算是过了难关，所以他们不想再费力去听或想那些可怕的事。是的，他们诚然是逃脱了。然而他们所逃避的，是人生的洞见，他们投入了无意义的虚空。

受苦的人呀，你虽为同代人所弃，过着孤独凄凉的生活，但你当知道，你不为造物主上帝所弃。你完全为他所理解，每时每刻他都赐予你这理解。在其中，你将你的意志和至善融合起来。而那修德励行的思想会随时提醒你这事的真实；它的存在就是生活保障之源。

航海的人若知道无论在什么奇险的海域，都随时有领航员应援，他就可以放心出海；照样，那建立德行的思想，是常存在人生暗礁与激浪四周，无条件地为了日常生活中的种种苦难而做好准备，并及时施以援手。然而它援助人生，不能如领航员援助船舰一样。受苦者必须自助。这样他就不会像航海的人仰赖领航员一样，要感谢这个或是那个人。若是这个受苦者与别人一样，是真志于至善，那么他就应甘受万苦。于是他所矢志效忠的，不是那使他能免受苦难的信念，而是那使他永远与上帝亲密相连的信仰；有了那种忠诚，他终能志于一事，甘受万苦仍永远忠于至善。

我的听众啊！也许你已经厌倦了这许多关于受苦的话！——但是有教益的讲话永远不会令人厌倦，不，也许一个母亲对照顾她生病的孩子，要比勉励德行的讲演对人生的苦痛，还会更先感到厌倦。你若听这种讲话而感到厌倦，那么你可能是“乐观的人”。但你的乐观绝不至于使你总是对人间疾苦无动于衷；反之，你是为了自己的缘故而渴望了解苦痛的真相，以便在这悲惨的处境中增加见识与阅历。也许你是那匹受苦的马，听到别人说这许多苦痛，而没有提到你的，因而感到厌烦。呀，听到别人所受的种种苦来使自己修德励行，这样活生生的教育，是一种快慰。若过于关注自己的苦痛，会很容易想到世上的人都有安慰而只是自己没有，以致造成一种心怀二意。但事实并非如此。因为每个人各有自己亲尝的苦痛，不论是大的苦痛还是小的苦痛。至于安慰，大家都有，而且实际上，所有的人都得着同样的安慰，这是千真万确的。

我们还要再讲人心中的愿望和因那愿望而来的种种苦

痛。苦痛的绵延使它越发沉重。但它的绵延，实际上要看它是何时开始的。正如一个敏锐的异教徒所说，人能叫他自己安于延续的苦痛中（伊壁鸠鲁，见 *Diogenes Laertius*，140）。但问题是，这种自以为安是否正确。因为这里所考虑的，不是如何去得到那能最快得到的上等安舒，而是如何真志于至善，并且如何为着始终忠于至善而甘受万苦。

让我们来谈谈某个人毕生遭受的苦痛，因为世人容易说，他生来就受上天的恶待，注定要受那毫无益处的苦痛，成为别人的重担，也成为他自己的重担；更糟糕的是，他似乎生来就是反驳上帝护理的例证。唉，许多忙碌的人，他们一生的事业，不外乎是不断地产生新的忙碌。思考上面所说的那个不幸的人，对匆忙是一剂合适的良药。我们只要注意观察这样一个受苦的人，就会正确地认知什么是至高者。但我们决不因未曾遭受这种苦难而自鸣得意，也决不会刻意远离这种苦难，或急忙闭目不顾而去。我们说到这事时，也不要过于垂头丧气。

一个小孩子常常安睡在母亲的怀中，一醒来就能看见母亲，那自然是很好的。但人岂能只作一个小孩子，只晓得母亲和他的玩具呢？孩童时代的幸福是我们所欣羡的。我们一看见孩子的笑容就得安慰；所以甚至那享受幸运的人，也终生不会将它忘记。但上帝是当受赞美的，他的造化不以小孩子这种幸福为人生的最高境界。人可以没有这种幸福，仍不至于丧失那最高境界。没有这种幸福，也不必丧失那最高境界。

自然，年轻是很好的，躺在床上满怀喜乐地思想，一觉醒来，又听见清早的鸟鸣声，去继续另一天的快乐。我们欣羡少年时代的幸福。我们与喜乐的人同乐。我们希望少年人能因为他们的幸福心存感谢，更愿将来这喜乐消逝时，他们仍能心存感谢。但上帝是当受赞美的，他的造化不以此为最高境界。人可以没有这种少年人的幸福，仍不至于丧失那最高境界。没有这种幸福，也不必丧失那最高境界。

人恋爱，且将爱情化简为唯一的愿望，自然是幸福的。有了爱人，虽然其他一切愿望都已成就或都遭拒绝，那又算得了什么呢？只有一个愿望，就是爱人；只有一种欲求，就是爱人；只有一份产业，就是爱人！我们欣羡爱情的幸福。愿那幸运的人，在享受家庭生活时，能常存感谢的心；且于感谢追忆之余，能彼此忠于所爱。但上帝是当受赞美的，他的造化不以恋爱为最高境界。人可以没有这种爱，仍不至于丧失那最高境界。没有这种爱，也不必丧失那最高境界。

但是一个真受苦的人，可怜哪，他就没有过幸福的童年！自然，母亲的爱是信实而温柔的，特别是在面对生病的孩子时。但母亲也是人。当他躺在母亲怀中时，母亲并未满心欢喜地凝视他。他所看到的母亲，是一个心中烦忧的母亲。有时他醒来时，会看见她在那里哭泣。

即使在那些坐而忧愁的成年人中，当一个轻松而快乐的人进来，他一说“我来了！”立时就乐意融融，愁云惨雾都消失了。但这样一个快乐的人是不常有的。即使是最天性快活的人，也不能与一个刚出生的襁褓中婴儿相比较，开门进来说，“我在这里！”呀，儿时的幸运，真是十分宝贵！

后来他长成一个少年人，但没有和别人一起玩过，若有人问他，“你为什么不同别人玩呢？”他也许会回答说，“你哪来这副心肠问我这个问题？”他就是这样逃避人生，可是还没想到死，因为他还只是一个少年人。

后来到了青春恋爱的时期，没有一个人爱过他。自然也有人对他表示过友好，但那只是出于怜悯和同情。后来他长大成人，仍一直逃避人生。后来他死了，但至死也无人惋惜。因为那灵车上只有少许送葬的人，都说上帝将他接去了是最好的，连主持葬礼的牧师也是这么说。他死了之后，也就为人所忘记了——连同他所受的各种无谓的苦痛，也为人所忘记了。他出生时，没有人为他喜乐欢愉，只有那可怕的凄愁；到他死时，也没有人为他悲哀痛哭，只有一种惆怅的快感。他的一生就这样过去了，或者说得更贴切些，现在算作过去了；因为我这里所说的，不是一个古人，不是某个故事中某个以往曾经有过的“某某”。这是一件眼前常有的事。这事离我们很近，即使我们贪恋世俗，情欲高涨，狡黠不虔诚，总想闭眼不看这种事情。尽管世俗人想闭眼不看这种不幸之辈，不但想逃避那讲说故事者的提醒，也想逃避教会和为他们的道德良知所必然明察的，圣经中所爱护的跛足者、瞎眼者、残废不全的人，然而不管怎样，这事离我们非常近。当耶稣的门徒们自以为匆忙，基督却从他们中间领过一个小孩子来（参《马可福音》9:36）。当今的公众，假借近代之名，兴风作浪，喧嚷咆哮，也许会引起一个诚挚沉着的人，从他们中间领过一个不幸受苦的人来。关怀这样一个不幸受苦的人，当然不会阻挡任何有志于永恒的人；至于忙碌的人，自然是与永恒无关。

这受苦者只因他的出生，才算是参与了人生。但有一件事是他一生所不知道的：那件事在一切人生的关系中（例如在情爱中）产生幸福，那即是互相施受的关系。这关系是他从没领受到，也未能给予人的。因为他既是一个受苦的人，人总是将他当作一个施怜悯、表同情的对象。他从没有过互相施受，在孩提时也是如此。若有人使一个孩子的母亲伤心，孩子只用睡醒后的一个笑容就能使母亲喜乐起来，而他从没有过这种经历。他从没互相施受，因为他爱他玩伴的方式，也与玩伴们爱他的方式不同。他既未曾互相施受，他也就没有得着玩伴。他毕生未能做一件报答别人的事。即使在他死时，也没有互相施受的机会，因为人们没有像他哀悼所亲爱的人那样哀悼他。在他死时，那些送葬的人和牧师，除了“归赞美于上帝”之外，还说过什么别的呢？这一切，岂不是将他与那最崇高的人生割断了吗？

受苦的人呀，不管你在哪里，不管你躲往哪里，不见众人的面，好叫众人都不知道世上有你这样一个可怜人，但总不要忘记，你，也能有所成就。你不要把生命耗费在无谓的估计中，认为成年累月所受的苦毫无价值。总不要忘记，你也能有所成就。但这并不是说，若有人假装受苦，因稍遭不幸而想讨别人怜悯，我们也该（像有时人们所做的那样）提醒这个人，他仍能为别人成就什么。因为凡能为别人有所成就的人，严格地说，那修励德行的思想就不会把他当作受苦的人，倒要严厉地督勉他。真受苦的人呀，即或你所受的苦叫你不能帮助别人，然而你仍有所能做的——一件极高尚的事。你仍能定志甘受万苦，立志忠于至善。值得最高祝颂的公义呀！真受苦的人仍能毫无条件地做那最高尚的事，正如一个幸运儿一般！尊荣赞美应当归于永恒者，在他里面“没有转动的影儿”（《雅各书》1:17）。既无恶意，也无私宠，只有完全的公义。你既为立志忠于至善而甘受万苦，就把你的袍服换了。是的，正如死里复活的人，脱去那坟墓中的衣服，同样，你也把你灾厄的外袍换了，现在你与那些你想要效法的人没有分别了——那些都是立志忠于至善的人。他们都穿着同样的衣裳，以真理当作带子束腰，用公义当作护心镜遮胸，并戴上救恩的头盔！（参《以弗所书》6:14，17）若是如此，若行善的人都有复活的希望，到了那时，其中就再没有分别，聋子可以听见，瞎子可以看见，以前受过什么灾难的人，也将与其他所有人一样归于喜悦美好，那么甚至在坟墓的这边，也有一种复活之道，每逢一个人立志为善而愿做一切或甘受万苦，他就因着这种志向而立志尽忠，且在其中永远与至善相连。行动者与受苦者之间唯一的差别，只是受苦者心中具有他愿望所带来的痛苦。但同时，这痛苦也可助他达成向善的决心。

所以，受苦者必须甘受万苦。这意味着同样愿意履行一切，因为他做到一种交托，并在这种交托中永远忠于至善。由他愿望带来的痛苦，虽然表明苦难仍继续存在，但只要受苦者坚持他的尽忠，他就不断得着医治。可是在人间有一种试探的力量，在眼前是很大的。那就是人的聪明。人的毁灭即从聪明和当下，或透过聪明和当下而生——倘若人的得救在于永恒者、依靠永恒者是个事实。聪明可以在内心被误用，因为一个真受苦的人没有机会在表面滥用聪明。聪明在人的内心，懂得百般巧避，这样就延误了时间而把决心耽搁了。聪明凭着世俗的暂时观念去了解决心。从这种暂时的观点，它只考虑一种决心，认为凭着这种决心，可以使苦难终结。但你要相信：永恒者并不是这样去医治人的苦痛。瘫痪的人并不因为得到永恒者的医治就复原，患麻风病的人也没有这样就被洁净，伤残的人也没有这样就肢体健全。于是聪明对人说，“永恒者的帮助，是无益的事；更糟糕的是，这决心叫受苦的人将自己献身于苦难，那就使他的情况变得毫无希望”——因为这决心叫人把在世存活的指望都放弃了。永恒者既不来医治这样一个受苦的人，于是他凭着自己的聪明，就造成下面的光景：起初，那受苦的人，凭着人世的指望而活上几年；一旦那种指望没有了，而苦难仍然继续，于是，他就变得迷信，处于一种状态，不是昏昏沉沉，就是暴躁易怒。苦难继续存在，至终养成一种麻木不仁的灰心绝望，难得有一种拼命的火热，才偶尔突破这种麻木，那也只不过像一个赌徒，不时热烈希望总有一天他要碰到好运气。唉，至终世人要看到聪明和这种世俗指望所能达到的是什么！就聪明看来，一个人不当为了争取永恒，愚拙地放弃世上的指望，去求一种神话式的医治——这似乎是很聪明的想法。就聪明看来，“一个人不要决然抛弃世俗，因为人不知道他未来的命运如何……到了那时，就后悔莫及了”——后悔他让永恒者来医治他的病。人在孩提时，那属世的希望与属天的希望在他身上发育并进，一道游玩，如同刚出生的一对双生子，但到了决志的时候就显出了差别。然而这决志的事妨碍了人的聪明，而人的聪明也不断有力地拦阻着人的决志。那些缠住人间生命不放手的人，总是把时间拖下去，他们有许多新发明，其秘诀是一个人不要把人生和自己的愁苦太放在心上，突然的改变仍是可能的，有谁能知道呢？

受苦者若确实把苦难放在心中，他就能从永恒者得到帮助而决志。因为一个人能认真想到他的苦难，就可以断除种种世俗的事：他就不再依靠自己的聪明，不再凭借那些为自己开脱的托词，也可以避开那班聪明的男男女女，以及种种奇闻趣事，而去仰赖永恒者，在其中得到安息。我们可以将那受苦者比作一个病人，他在床上辗转，从这边转到那边，至终发现一个姿势，使他感到安舒一些——即使他心中的愿望仍叫他有苦痛。当重视微小之事能使人赢得永恒者时，虽然它只是微小之事，你再怎么重视也不为过。

但那不欲得到永恒者医治的受苦者，就是心怀二意。他的心怀二意是一种病，这病不断地咬啮他，至终使他的各种高尚能力销蚀无遗。这种内在的创伤比外在的残疾瘫痪不知要危险多少倍。这样一个心怀二意的人，想得医治又不想医治：他不想得到永恒的医治，而那暂时的医治既是不可靠的，这三心二意的人就越来越感到困扰烦恼。那心怀二意的人临到生命最后一息时，聪明仍坐在他病榻边，向他解释说，一个人不能知道他突如其来、不可预料的命运是什么。聪明总不许遣人去请牧师来，因为它最怕的是决心，甚至认为去请牧师也是一种决心的暗号。是的，那突如其来、不可预料的事，是人所不能知道的。于是那心怀二意的人就如此死了，他的遗族现在确实知道，死者终究未得到一个突然而意想不到的方法，以治愈他那长久缠绵的疾苦。唉，在那以眼前的聪明来贪爱世俗的人看来，永恒诚为一个不解之谜。他反复思量，我若委身于永恒，向现世死去，而后来突然有了办法，我岂不是受限了。他的意思是，时间上的事仍是最高的，而仰赖永恒只不过是在没有办法时“最后的出路”而已。所以他尽可能拒绝下决心。明知世间的办法是极矛盾而且靠不住的，他还是拼着他迷醉的想象力，去指望这种帮助，而不肯把握永恒。他总是怕自己终有后悔之日，却不知道人若真正抓住永恒者，那绝对是唯一可以毫不犹豫地说绝不致后悔的事。但那生怕设若委身于永恒者会后悔的人，有一天终归会痛悔自己虚度了时光。

啊，一种浅薄无聊的聪明（不管它如何夸口又多言）总是很愚拙地自欺，失去最好的安慰，只以庸俗、甚至还不及庸俗的安慰去安慰自己，而最终逃不掉痛悔。即使那受苦的人能利用他的聪明到一个地步，可以使他的三心二意在众人面前比我这里所说的，表现略徽好一些，但仍不能影响真实的境况。只要人是用聪明来阻挡对永恒者的确信，他就是心怀二意。他不只现在是，而且永远是心怀二意，即使有什么人世间的助力来帮助他，他亦会耽溺于聪明，来得到巧妙的规避；但我们仍然相信，人凭聪明的手段逃避对永恒者的委身，必是他最大的不幸。只有委身于永恒者，才是真正的得救法。因此受苦的人用他自己的力量来遮掩痛苦，不肯让永恒者来医治自己，那也是心怀二意。这样一个受苦的人，并不是在寻求解除苦难，他只是想躲避那也视为一种苦恼的同情。他就在这一点上，寓着心怀二意的矛盾性。因为人只有委身于永恒者，才真能免除因人对他同情而生的苦痛，因为人委身于永恒者，就真正胜过了苦难。所以苦痛只是因为人心中的愿望，而只有永恒者才能医治它。

关于受苦的人，他的心怀二意，无非是由于他不肯放弃世事。同样，心怀二意的人对受苦者所说的话，也可凭他仰赖世俗的事实而辨认出来。我们可以经常见到，那受苦的人总是躲避不肯接受最高的安慰，而那劝说的人也总以提出最高的安慰为耻。劝慰的话总是无视事实地这样说：病很快会好的；那受苦者得稍为忍耐一下。它用安抚的话安慰那受苦的人说，到了礼拜天，一切自然都会好了。假使我们暂时把这受苦的人比作一个穷人，我们如有大堆黄金可以周济人，为何只给他一块银币，甚至一块假币呢？因为永恒所赐的安慰是纯金。我们须谨记积极行动者的做法，即使他们和消极受苦者所受的苦常常不相同。我们读到：使徒们遭打受辱，就心里喜乐，感谢上帝（参《使徒行传》5:40－41）。这里没有什么稍加忍耐，到礼拜天就会好了的话；而只有永恒者的胜利安慰，使受辱的使徒们得胜有余。真实受苦的人也必如此：永恒者施行医治的时候，虽然人的愿望仍不免持续有创痛（因为永恒者并未让受苦者脱离时间），但不再有什么哀鸣之声，或欺骗回避，以及世俗的搅扰分心。我们深知，受苦者在时光中，凭各种想象自我申诉，用意在于消磨时间，但永恒对他仍是敞开的。呀，不但如此，真受苦的人也必须对他怎样用去了他的时间这问题作出交代——他是否在世上的灾难中让自己去得着永恒者的医治。但他的聪明抢着说："且慢，一个人不该放弃希望。"永恒者就指责它说："你这假冒为善的人，为何说这模棱两可的话呢？你很明白有种希望是当消灭的；有种情欲与热望是当斩除的。世上的希望理当死去，只有这样，人才能靠着真的希望得救。"所以受苦的人绝不当期望依照世俗的条件"得释放"（参《希伯来书》11:35）。

第十一讲　受苦者以聪明揭穿逃避

但那真志于至善的受苦者，用这聪明来剪除种种逃避，而使自己达于委身，不再作世途的妄想。他不怕那似乎使他受苦的委身标记，因为他知道，那标记正是永恒者的破入。他知道他一旦下决心，就把世途的神经网络割断，即使他的愿望仍不免使他持续受苦。无疑，那常使受苦的人不能忍耐的，是他预先把一生的苦痛承担于肩，以致畏缩丧胆；他若能一日的担子一日担，就自然轻省些。

委身于至善并不需要这样将种种苦痛集中放到身上。因为这样做的错误正是：不管受苦者如何预先去接受苦难，他并不因之就先得到了永恒，而只是使自己在世俗方面感到无限恐惧。又因世途的无常，受苦者受过许多年的苦之后，就渐渐以为他原来立志于善的看法是错了。那真是一个大不幸。因此那真志于至善的受苦者，就知道聪明是一个出卖朋友的损友，只有委身才是完全可靠的。

一个积极行动者为至善愿做一切，而一个受苦者则为善甘受万苦。相同之处是双方都可能是并始终是委身于善。他们的方向不同，我们却不能认为方向不同就使他们彼此不相干。那积极行动者是在外部活动，以求至善可以得胜，即使他受的苦，也与这个目标有密切关系。那真受苦的人则做什么都从内心里做（透过甘受万苦），以求至善在他自己心中得胜。可是至善亦必已在那积极行动者的内心获得胜利，而且继续不断地胜利，否则他不至于在外部积极行善。至于那真受苦的人，也未尝不能借着以身作则的力量，为至善作外部的推动，且能有效地做成。因为他一生所享受的既少，就对那些享受得多的人形成巨大挑战。他既是毕生委身于善，他的人生对那些滥用、恶用恩赐的人就是一个严厉的判断。而且，即使真受苦的人得不着那靠自我示范的力量为善作工的机会，即使他与一切世人隔绝了，他在人类共同关切的伟大事业上仍然有份。在他那寂寞的岗位上，他把守住一个繁重的关卡，从苦难的各种网罗中拯救了他自己的灵魂。也许没有一个人看见他，但全人类是与他悲欢与共，与他一同受苦，亦与他同得胜利！因为无论至善是在何处得到真正胜利，无论至善是借着一人在众人中得胜，或是那为世人所摒弃的寂寞人因着他自己的努力而使至善得胜，其胜利都一样伟大。呀，永恒者至圣的公义是当受赞美的！

在我们停止谈论各种苦痛之前，还有一件事是应当提出讨论的。那就是：能否说一个人是甘愿受苦？受苦岂不是违反人自己的意愿而出于被迫的吗？假使一个人能免去受苦，他是否还能志于受苦；而若他是迫不得已，非受苦不可，则又岂能说他是甘受万苦呢？要回答这个问题，我们须先区别意愿的两种不同意义：一个意愿出于人的本性，一个意愿本乎人的高贵自由精神。诚然，对许多人而言，将自由与受苦连在一起是绝不可能的。他们看见一个能过舒服安乐日子的人，如苦工一般努力挣扎，受各种苦，忍辱负重，以担当高尚事业，他们以为他不是狂妄，就是疯癫。他们好似埋怨苍天赐予某些人不自知的幸福。他们心中如此想，即使口中没有说出来；即使他们没有这样想，他们也是何等可悲地露出了内心的马脚："我们若有他的地位，就真知道如何享福。"照着这种人的看法，人若不必受苦而自愿去受苦，那真是非癫即狂。

然而什么是勇气呢？勇气就是奔向那快乐招手的地方跟它相见吗？抑或为要表明勇气，岂不是需要有反对的存在，仿佛勇者正眼直视危险，尽管人的眼睛不想看到危险？

（丹麦文“勇气”一词为 Mod，而“反对”一词为 Modstand。——英译者注）举例来说，一个勇士策马向前，直冲往那可怖的对象，这岂不是勇气吗？在勇士眼中毫无颤栗，因为他的勇气甚至能控制眼神。可是勇士和他的马说明了勇气的结构。勇士是勇敢的，马却是胆怯的。马和它的胆怯，说明了人内在的萎沉；而人有勇气就可以使马不那么胆怯。同样，勇气使人甘愿受苦。在勇者心中，有一种背叛他的反对力量，是与外来的反对联盟的。正因如此，他不顾一切，自愿受苦，才成为有勇气的人。

另一方面（这一方面，正是我们最需要讨论的，因为我们是在讲那些甘愿受苦的人），受苦者可能自愿担当那苦痛，虽然在某种意义下，他是受强迫的，因为他没有能力除去苦痛。岂不是只有毫无苦痛的人才能说“你把我用链条锁起来，我不怕”吗？难道一个囚犯能够说“是我的自由意志去接受坐监的”（而他已经坐监了）吗？有许多人以为这种自愿是不可能的，所以受苦者灰心丧气是必然的。但我们要问，什么是忍耐呢？忍耐岂不正是有勇气自愿承担那不可避免的苦辱吗？那不可避免的事，正是要剥夺人的勇气。在受苦者心中有一种背叛他的反抗力量，与那可怕的不能避免之事相勾结，想要把他粉碎，但是无论如何，忍耐的心仍肯俯首承受苦难，正因为这承受，所以在不可避免的苦难中仍感到自由。这样，可以说忍耐较之勇气更能产生奇迹。勇气是甘愿选择那可避免的苦难；而忍耐却叫人在不可避免的苦难中获得自由。因着勇气，那自由的人甘愿让自己被捕，因着忍耐，那坐牢的人可以获得心中的自由——这并不是说，他那样处之泰然，就要令管囚牢的人焦急害怕。

一个人外在不可能摆脱苦难，这并不阻拦他在苦难中解放自己的内在能力。也就是说，他自甘承受苦难，正如那忍耐的人愿意承受苦难一样。一个人能够被迫进入囚车，一个人能够被迫终身受苦，人的必然命运是一个暴君；但人不能被迫生出忍耐的心。若暴君强迫一个既没有自由精神，也不愿具自由精神的人，这人心中就只有挫折沮丧，而不会生出忍耐来。忍耐是人对抗压迫的反弹力，靠着这种反弹力，那受压迫的人就得以自由。或者，难道只有富足的人才能注重节俭，因为他若愿意就可以随意挥霍？一个穷人不也能注重节俭吗，即使他本来无法奢侈浪费，即使他是被迫节俭？不，穷人可以被迫成为贫穷，却不能被迫节俭。呜呼，世人的智慧似乎是盘算着要扑灭至善。每逢有人自甘艰苦卓绝，就被称为稀奇，被指着说，“这人本来可以任意享福而无需受苦的”。每逢有人耐性忍受那不可避免的苦难，就会有人说他“可耻地迫不得已，还想将出乎无奈当作一件德行”。无可否认，受苦者真是将出乎无奈当作一件德行，但秘密就在这里，那对他所做的而言，正是一个最恰当的说法。他将必然化为美德。他在必然的命运中，以决心来决定自己的自由。他为永恒者下决心，其医治苦痛的能力正在于此：受苦者自愿接受那由强迫而来的苦痛。恰如一个遭患难的人，若能推心置腹信赖他的朋友，就能够得到安慰，同样，那受苦者将自己交托给永恒者，就是他的拯救；即使那强迫力仍压在心头，然而敞开心胸去投奔永恒者，以永远的决心甘受万苦，那就是他的拯救。

只有那永生之门向他敞开的人，才真被囚禁！只有那永远自由之人，才真被捆锁！当保罗说，“我是罗马人”（参《使徒行传》22:25—30，24:23），千夫长就不敢将他下到监里，他是自愿坐牢的。照样，若有人敢宣布，“我是永恒国度的自由人”，世上的强迫就不能监禁他，除非他自愿受监禁。

各位听众！你们若愿意，让我再回到这讲演原来的取向。人若志于一事，他必须志于至善，因为只有这样，他才能做到真志于唯一之事。若他志于一事是认真的，他必须真志于至善。无论这个人是积极行动者还是受苦者，他必是矢志为那唯一之事愿做一切，甘受万苦。他要不是竭尽一切而为善，就是矢志永远委身于善。但人容易妄用他的聪明，从内在方面去寻求逃避；从外在方面就是自欺欺人。反之，那志于至善的人则用其聪明以排除一切逃避，因而奋勇直前，矢志不渝。他也用聪明去杜绝外在的欺骗。他必定愿意为至善甘受万苦，或定志永远委身于至善。本讲演也曾叙述真受苦者的实况，因为人借着正视各种苦难，可以真知道那最崇高的是什么。又谈到人受苦时，他的聪明会被内在地误用以求逃避之计，但志于至善的人，正好利用这个聪明来阻隔各种逃避的途径，以使他始终委身于至善，甘愿牺牲一切来承担那迫近的必然苦难。

但清心是志于一事。这个题旨正是本讲演的目的，我们把它联系于使徒雅各的话："你们亲近上帝，上帝就必亲近你们。有罪的人哪，要洁净你们的手；心怀二意的人哪，要清洁你们的心。"（《雅各书》4:8）委身于至善是整个心灵的决志。一个人的心若远离上帝，他不能靠巧言谀词亲近上帝。因为上帝既然是灵，是真理，人只有靠心灵诚实才能亲近他；上帝是圣洁的，所以人须志于圣洁（参《彼得前书》1:16）。那就是靠清心。清心，这是一个比喻，是将人心比之于海。为何比之于海呢？因为海的深度决定它的清澈度，而它的清澈度又决定它的透明度。海只有深才能清澈，只有清澈才能透明；海水一旦浑浊，就不再是深海，只是浅水而已，一旦成为浅水，它就不透明了。反之，海若是渊深而澈底，不管你注视它多久，都是如此，表里如一。所以海之清，在于它的渊深和透明永不改变。正因如此，我们将心比作海；海之清，就在乎它的渊深澄明，没有改变。没有狂浪能搅扰它，没有疾风能掀动它，没有薄雾能笼罩它，没有船只能波及它的深处，没有乌云能使它黯淡；它总是平静，渊深而透明。你若今天看见海是如此，一想到海的清澈，就会为之奋发振作。你若每天都看见海是如此，就会说，海是永远清澈，像那志向专一的人心一样。正如那平静澄澈的海是倾心于天，同样，清洁的人心安静渊明时，也是倾心向善的。海因为只倾心于天而清澈，人心也因只倾心于向善而清明。正如海在它的渊深澄明中反映天的高浩，同样，安静澄明的人心也可在他深处反映至善的神圣崇高。若有任何事物（哪怕是最微小的）混入天与海或心与善两者当中，那么贪求那种反映便纯属妄想。因为，海若是浑浊不清，它就不能反映高天的纯净。

下篇

志于一事的责任

第十二讲　作为听众的责任

亲爱的听众呀，本讲演原是给内心悔罪的人！虽然除了开讲时以外没有再提过认罪的事，但我始终未曾忘记它。因为前面所讲的，都与要人悔改认罪一事有密切关联。本讲演由其唯一的中心点——志于一事——出发，曾从各方面进行讨论，每又再回到这一点来。同时，我们曾仔细考察世途，注意到人世间的种种分歧差别。我们曾不时说明各种错误，以及人在生命旅途中迷失时的心灵状态，并且叙述得颇为详尽，以使人易于领悟并引以为戒。因为在日常生活的琐屑纷繁中，那种过失很少显而易见地显露出来，不如我们上面所详尽叙述的较易为人所察知。我们的讨论继续进行，不离开坚持“志于一事”的要求，同时也明示了如何去认识各种错误、失望、欺骗和自欺。我们的讨论也曾努力追踪人的心怀二意，深入幽微之处，揭发隐秘。努力追踪到任何可能的角落，使之暴露显明，这样，这些讲演就能为每一个听众所理解。我们这席谈话的最终目的，既非言之成理，也非使听众领悟其辞。我们谈话的重点并非做到这些。要达成我们的谈话重点，必须毫不含糊地对听众有所要求。那要求并非前面所提出的，要听众参与，而是要听众现在毫无条件地决心行动，一切都取决于这一点。

亲爱的听众，现在请趁着你深刻意识到罪的存在，知道悔改认罪是一件必需的事，而注意到这迫切的时机；本着在圣坛前的真诚，使你的意志坚强，以作出圣洁的决定，当那无所不知者临在鉴察，使你不可能有更自欺的举动，请你反省你自己的人生！我们的谈话，本是不用权威的，不会对你擅加裁判。你自己迫切思索这事时，就会面临着一个更高的裁判，在他面前，既然人人都是被指控的，就没有人敢判断别人。这话并非针对你说的，因为本来不知道你是谁。但是若你深自衡量，不管你是谁，这话就是对你说的，甚至好像专门对你说的。然而这并非归功于这席话，是你自己的行动使这话对你有益。正因为你自己的行动，你成为那亲密地被呼唤为“你”的人。这是你自己的行动，真的一点也没错。唉，我们总不要因为注意说话的人，或他谈话的技巧，而忘记了下决心的必要。如果这样将重点放错了地方，那又是由于匆忙与心怀二意之故。在这种情形下，人只管去称赞讲者的口才和技巧，而最要紧的事，人人所能做到的下决心，却完全被忽略了。从灵修角度来说，口才只是一种辞令而已，正如美貌虽是一种愉快可喜的特征，仍不过是一种无关紧要的点缀。从灵修角度来说，热忱认真，听了就去行，是最重要的；感谢上帝，这也是每个人只要有志就都能做到的。然而人的匆忙却往往注意到那些表面功夫，专讨人的喜欢，而丝毫看不起认真严肃。匆忙每以一种轻浮而可鄙的态度，认为人的口才是最重要的，听众的责任就是判断那说话者是否有这才能。

为了避免任何不合规矩的事出现，或不让任何心怀二意的实例还有遗漏，在请求每个人亲自行动的时候，我要扼要地说明在讲演中听众和讲者应有的关系。为了再一次击破心怀二意，让我借用一个世俗艺术方面的例子来说明它。这例子可能有两种意义，请不要因此见怪，以此作为根据来斥责我的讲演不够得体。你若看过一个世俗的艺术展览，你必定会明白所谓灵性的含义。所以你必定从世俗的艺术联想到了灵性，即使你曾靠这个方法初次分辨了两者之间的显著差别。要是你尚未做到，那么你就不免三心二意，而且心不平静，你就只能在世俗层面上暂时生活，只是偶尔想到灵性之事而已。正如你所深知的，在舞台上有一个人坐在后台提台词，他不要观众知道，宁愿观众看不见他。另一个人出台表演，有声有色，抓住观众的目光，令观众集中视线在他身上。因为这个原因，他被称为演员。他装扮成某一个特定人物。在这巧妙的艺术中，每一句话都是由他的表达而成为事实，但他所说的却是那坐在后台提台词之人的话。观众中不会有人笨到说那在后台提台词的，比在台上演戏的人更重要。

我们不必计较上面所说关于演戏的话。可是关于灵性的事，许多人不明白，他们正以一般庸俗的意义，把讲员当作舞台上的一个演员，把听众当作戏院中的看客。看戏的人只是要评论台上的演员。殊不知讲员并非演员，在任何意义上都不是演员。不，他不过是那在后台提台词的人。而听众并非只如戏院中的看客，每一个听众都在省察他自己的心。这舞台就是永恒，而每一个听众若是认真的听众（否则他就犯了过失），在整个谈话中便侍立在上帝面前。提台词的人提词，但演员复述出来则是最要紧的，那就是舞台艺术的魔力。讲者把生命之道轻轻地讲给听众，他最关心的，是听众的热忱专注；听众在上帝面前静默，借着这种讲演的帮助，可以由自己讲，与自己讲，而且是对自己讲。

讲演不是为着讲员自己，让听众去赞美他，或批评他。讲演的目的是让听众反复思想。若讲员有把真道默达于听众的责任，听众也就更有责任不亏欠自己对真道的本分。戏院中的戏是向观众上演，但在灵性讲演中，上帝亲自临在。在庄重的意义上，上帝是到戏院中批评那出戏的观众，他要看剧中的词句如何表达，如何被听取：在这里，并无所谓普通观众可言。这里，讲员就是那提台词的，听众公开站在上帝面前。或者我可以这样说，听众是演员，是实实在在地在上帝面前表演。

啊，我们千万不要忘记，我们不可把灵性的事降为世俗的事。即使我们很诚恳地将灵性的事和世俗的事放在一起思想，我们也要分清这两者的区别。一把灵性的事当作世俗的事来看（这种看法，其愚昧无知就好像在戏剧方面看提台词的比舞台上的演员更重要），讲员就变成舞台上的演员，而听众就变成戏院中评论演员的观众。同样，从世俗的观点来说，灵性讲演只是为着一群参加的人，上帝不在其中，恰如他不在戏院中一样。上帝的临在，是改变一切而且最具决定性的一件事。只有上帝临在，各人在上帝面前才会注意到他自身。固然讲员在讲演中要顾及他自己和他所讲的，听众也必须注意到自己：他如何敬听；在听道的时候，内心是否与上帝密切交谈。若是这一层没做到，那么听众就是妄自假定与上帝同等，妄自以为上帝与他一起注视着讲员，而对他加以批评。在讲道中听众与讲员的真正关系也是这样。

我们也可以换一个比方，比如教会中的一个执事，他本无权柄，却大声宣读一篇祷文。严格地说，他并不是祈祷者，祈祷者乃是那坐在会堂中，一边听所念祷文，一边在上帝面前敞开自己的人。然而，他没有出声祷告，也没有默祷，只是静听宣读者所读的祷文和轻声的祷告提示，在上帝面前用心安静祈祷。所谓真诚，不在于宣读祷文，一句句教别人怎么祷告，而在于让别人用祷文为他自己向上帝祈祷。我们现在既已清楚明白了这件事，只须再重复提出这个要求，好让讲者专心注意到他所讲的场合。

所以这席话要问你，抑或你借着这席话要问自己：你所过的是什么生活？你是志于一事吗？你所志的是哪一事呢？这席话并不期待你随便提出一个目标，以装作是志于一事。因为这席话并不是要对那不肯认真的人而说，因为这种人将自己排除于诚恳省察这席话之外了。还有一个理由：诚然一个人可以与我们极端相反，与我们的意见完全不同，我们却还能与他建立诚恳的关系，只要能够假定最后仍有共识，在人类普遍的观念中，仍具有一体性，或是称之为任何其他名称也可以。但他若是疯子，就无法与他建立关系，因为他逃避了我们所希望的能最后与他发现的共同意见。我们能够与一个人辩论，且辩到极致，只要我们假定至终仍有一个共同点，一种在人类普遍观念中的一致：那即是人的自尊心。但若一个人如疯子般追求世俗，不顾一切去蔑视自己，面对这种事实，却厚着脸皮去称赞自己的无耻行为，就没有与他辩论的可能了。因为他像疯子一样（甚至甚于疯子），驱走了最基本的一件事（自尊心），切断了我们彼此达成一致的最后一线希望。

故此，这席话是假定你志于至善，现在再问你：你过的是哪种生活？你是否真志于一事？这席话并非盘问你的职业是什么，你雇请多少员工，在你手下有多少人，或者你是否正好在政府任职。断然不是，这席话不是要盘问闲事。它首先要究问的，视为第一紧要的事，是你所过的那种生活，是否使你能回答上面的问题，是否那问题真在你心里。因为一个人要能诚恳地回答那样一个认真的问题，就必定已对人生有了选择，他必定已经选择了那看不见的、属乎内心的事。他的生活中必然有集中心神的时候，好使他的生命能澄澈透明，有了那种明亮的胸怀，他才既能向自己提出，也能够回答这个问题。这当然是假定一个人知道他所说的是什么。对一个忙于世事、与众人一同喧嚷的人提出这种问题，实在愚拙，所得到的答案，更会使人陷入一种新的愚拙。

第十三讲　作为个体的生活

那么，这席话是问你：你所过的生活是否使你意识到自己是一个“个体”呢？这个问题不是打听隐私，好像在打听某种特别意义上的“个体”，不是问你是否为别人所称赞、所羡慕的那种人。断乎不是，这个问题乃是一个严肃的问题，要问每个人依照他在永恒中的呼召，他到底是什么，好叫他自己能觉悟到，他已听从了这个呼召。更严肃地说，是问每个人是否在上帝面前思考他的生活。这觉悟乃是人真志于一事的基本条件。因为人若自己本身不统一，就不能真正保持完整，且有决心。他的存在只是外在意义上的，因为他只是群众中的一员，乌合之众的一分子。哀哉，这样一个人，又怎能决心专注于思考那真志于一的事呢！

的确，这席话所究问的，必须是上面所提的觉悟，它并不从一般性去发问，却毋宁要把你当作个体来发问。亲爱的听众，你更要问自己，你是否有这种觉悟，你是否在积极默想这谈话的起因。因为在外面的世界，群众正在喧嚷。一个人发出大声，因为他是群众的领袖，而众人喧嚷着，因为他们都是群众的一分子。但那全知的上主，不管世人如何，他能鉴察这一切，他不要看群众的喧嚷。他所要的是个别的；他要与个人算账，不管那人的地位是高或低，是显赫或贫穷。

每个人自己要向上帝交账。上帝与这个人算账，没有第三者敢来加以干预。然而这席话提出这个问题时，却敢于，也应当敢于，提醒人，叫人不要忘记那最能毁人的逃避，就是他去躲在群众之中，以逃避上帝对他的鉴察，拒听上帝向他本人的呼声。昔日亚当也曾这样做，他那歪曲的良心引他去想象，以为可以在树丛中躲避上帝。现在人也许是更容易、更方便、也更怯懦地把自己藏在人群之中，希望上帝在人群中不能分辨甲乙。但在永恒中，每个人都要各自交账。也就是说：永恒要求每个人为他自己的一生独自负责。那在洋洋自得中忘记了自己的人，永恒要把他所行的一切事提出来，摆在他的意识面前。那想躲在群众中，以为在那里不会被严格算账的，到了永恒的国度，就会被交出来严格交账。各人必须在上帝面前负责交他自己的账。帝王也必须交他自己的账，赤贫的乞丐也只要交他自己的账。无人可以骄傲地以为自己是超乎个体之上，更没有人沮丧地想，他在世上只匆匆忙忙地在众人中凑数，甚至连一个名分都没有，所以他不算是一个“个体”。

永恒中的算账是什么？除了那良心的呼声是永远拥有永恒权柄，作为人心中唯一的呼声之外，还有什么别的呢？整个永恒界充斥着一种深邃无穷的静默，在其中，良心要和每个个体谈话，谈到他本身曾行过什么善或恶，同时也要谈到他在世时如何不愿意成为个体那件事，除此之外，还有什么别的呢？除了在永恒中有着无限的空间，以致每个个体与他的良心远远分开之外，还有什么别的呢？在永恒中，没有暴民的压力，没有群众，没有在群众中躲藏的地方，正如没有暴动与巷斗一样！良心预备着让每个人在世间成为个体。然而在世间，在不安、扰攘、从众和暴民压制，以及林林总总的逃避中，唉，真的有一个灾祸如今还在发生，就是有人完全扼杀了他良心的呼声。是的，是他的良心，他总没有办法把良心取消。他的良心永远属于他，说得更准确些，他永远属乎他的良心。但我们现在不是要谈论这件祸事，因为即使在众多更好的人中，良心的呼声很多时也只成为各种声音之一。因此那单独的良心呼声，既属孤独，便很容易为多数者的声音所胜。但在永恒中，良心是可能听到的唯一呼声。良心的呼声必定为个体所听到，因为个体无非是这声音的永远回响。良心的呼声是一定要被听见的，毫无逃避之处。在无限中没有定所，个体本身即是定所，良心的呼声必被听见。个人要在那里寻觅群众是徒然的。唉，即使与他最靠近的人之间，也好像隔着一个世界，那人的良心也正是对他自己讲说，对于善与恶，他作为个体所说、所行与所想的。

你现在的生活是否使你意识到自己是个体？在你借以与外界接触的每种关系中，你是否意识到自己，同时意识到你作为个体与自己的关系？即使是在我们大家所称为最美好而亲密的那些关系中，你可记得你还有一种更亲密的关系，即作为个体的你在上帝面前与你自己的关系？若是你进入神圣婚姻关系，与另一个人结合，你是否想到在这种亲密关系中还存有更亲密的关系，在其中，作为个体的你在上帝面前是和你相联系的？我不问你是否爱你的妻子：希望如此。不问她是否如你眼中的瞳仁、心中的宝贝：盼望如此。不问你做了什么事使你的妻子幸福，或是你们怎样安排家计，或是你从旁人处得到什么好的忠告，或是别人对你有什么坏的影响。也不问你的婚姻生活是否比别人美满，可以给人视为模范。不，这席话并不是问你这些。既不是为要恭贺你，也不是为要盘问你，为要监视你，为要替你辩护，为要作比较。只是要问你一个最基本的问题：你是否意识到你作为个体与自己的亲密关系。你不必为你的妻子负责，不必为别人负责，也不必拿自己与别人比较，只是作为个体来到上帝面前，在那里，不问你的婚姻是否与别人相同，与通常惯例相同，或是比较好些，而只问作为个体的你，在婚姻生活中是否尽了你作为个体的责任。因为公共的惯例是会变的，一切比较都只是靠不住的片面价值。但永恒的措施是不变的，这就是：你是单独的个体，你自己在亲密的婚姻关系中应当意识到这一点。

当然，永恒的目的所在，并不是要你离婚，永恒不是凭着离婚消除男女间的殊异。你的妻子绝不会因你思想与上帝的最亲密关系而担忧。就算你的妻子如此无知，为自己所想的只是世俗之事，甚至如此愚拙，想把你拖入世俗中；然而一个女人的无知绝不能改变永恒的法则。在永恒的国度，上帝绝不会问是否你的妻子引诱你（永恒对那件事会与她直接谈判)，但只就你作为个体而论，要问你是否让她引诱你。若你的婚姻是如此蒙福，儿女成群，你就当认识到，你除了与儿女的亲密关系外，还有你作为个体与自己的亲密关系。你同妻子分担责任，永恒也要她作为个体来分担这责任。在永恒中，丝毫没有复杂之处，能使人难于算账，易于逃避。永恒并不问你如何看见人家教养儿女，你也就照样去做。它只问你个人如何教养你的儿女。永恒不是照着你与你的朋友密谈那样，去与你谈话。呀，即使在这种密谈中，人仍然太容易逃避。因为即使是最信实的朋友，仍然是以第三者的身份说话。就是借着这样的信任，人容易把自己当作第三者来说话。但在永恒中，你是个体，当良心与你谈话时，它并非第三者，恰如你自己也并非以第三者的身份同你的良心交谈。因为你与你的良心是一体的。它知道一切你所知道的，而且它知道你晓得这事。关于教养儿女，你自然能与你的妻子，甚至朋友，斟酌衡量许多的事，但在这些事上你自己怎样行动，以及对此的责任，终归完全是你个人的。若你采取什么行动，因有顾虑而将自己隐藏起来，那也只有你自己作为个体负其全责。

在世上，一件事的不同方面繁复交错，这个与那个，在行为上都有相互关联，叫人颇为相信：在千千万万数不清的人中，从每一个人生活中所包括的琐屑微末里，都必丝毫不差地认出他的人格在于什么；那只是一种古怪的幻想。但在永恒中，那是可能的，因为各人都成了单独的个体。你生活中的每种关系，无不如此。

你若不是离开世界而活着，而是住在一个人口众多的城市，你将注意力放在外面，富于同情地让自己投身于群众之中，从事他们所做的事，你可想到，你每次这样投身于世界时，就在这种关系上，你把具有永恒责任的个体的你，和你自己联系起来。或者，在另一方面，你是否将自己放在群众之中，在那里和别人一起逃避责任，在群众之中，一时好像是有许多人，到了要谈责任的时候，就一个都不见了？你是否以群众的心理，按群众的资格来下判断？你所不了解的事，你当然不用发表意见。不，在这事上，你倒是永远免责的。但作为个体，你永远要负责对自己的意见和判断作清楚的交代。在永恒中，你不会受到新闻记者那般职业式的盘问，被问到是否有许多人犯同样的错误，你要被问到的是，你自己是否有这种意见，你是否糟蹋了你的心灵，自己去加入了那种轻浮、不加思考的判断，只因为有许多其他人都不加思考而下此判断。你只会被问到，你是否曾以为你是多数，因而你就有特权，因着你是多数，因着你是那看对为错的多数之故，加入了这种群众的背理行动，以致败坏了你自己的内心诚明。在永恒中，你要被问到，你是否曾与那些挟着群众势力而不知如何判断的人去下判断，以致摧残了善举。群众的势力从世俗角度看当然很重要，但对永恒却是完全无关紧要的。

你看在世界中，一个人数着说："多一个或少一个，有什么分别呢？"他甚至对自身也持如此态度！在世界中，一个人数着说："一个人反对一百个人，有什么用呢？"所以他在多数人面前，就懦弱地垮掉了。但数字常是靠不住的。真理满足于统一。不过懦弱萎靡的人也赢得了一些。他不是得到医院中的一张病床，不，他得到一件惊人的东西，他成了最强有力的分子，因为群众总是强有力的。反之，在永恒的国度，完全不以数字为凭据。个体总是一个，而良心总是巨细靡遗地关心着个体。你要想在永恒里凭借群众，那会落空。你要想在永恒里仍到处打听你所要投奔的那种吵嚷喧嚣的群众，那是徒然。在永恒的国度，你也将为群众所弃。那是最可怕的事。人在世上为群众所弃，若有永恒者的安慰，是一件幸福的事，而其所附着的苦痛，只是一种戏弄而已。那么在永恒里，良心会凭着你意识到自己是单独的个体而要求你什么呢？良心会教训你，你若下判断的话（因为有很多时候，良心要约束人不要妄下判断），就必须负那判断的责任；它也会教训你，应当省察你自己所知的与不知的，好像你是站在一个生离死别的人面前发抖一样；它要警戒你不要聪明得意地陷入悲惨的命运。一群愚人不能变为一个智者，群众所推崇的事业很值得怀疑。的确，群体越大，其所讴歌颂扬的也就越可能是愚昧无知，也就越不可能是真理，若说其寓有永恒的真理，更是绝不可能。因为在永恒的国度，群众简直是不存在的。真理不像那立刻就讨轻浮群众喜欢的事——骨子里绝非如此；对于这种群众，真理等于荒诞。那意识到自己是个体的人，必常存着永恒的责任来判断，对于不寻常的事总是不敢轻下判断。因为这种不寻常的事可能是谬误、欺骗、幻觉与虚妄，但也可能是真实的。他总记得古时一个圣人的话："一个人的眼睛若不能看见群众所看见的，也许是因为他通常处在黑暗中；但也可能是因为他处于一个更清朗光明的地方来看事物；若是如此，那就并非笑柄。"（苏格拉底的话，见柏拉图《理想国》VII. 518A）

这事诚非可笑，真正可笑的，或可怜的，是那些轻浮之辈，因为一个人比他们更为聪明而健全，就以他为笑柄。可是一切笑话都要有理据，若没有理据，那笑话别人的就变成那可笑的了。但在世上，在人世的浪荡中，人容易受数字的诱惑。数字诱导人去计算，把他自己列在群众中。人们利用整数来操纵万事而使之趋于苟安妥协。的确，即使一个人真志于至善，他在世间仍不能脱离群众。但在永恒却是可能。永恒凭着良心的强壮膀臂去抓住每一个人，将他作为个体抓住。永恒将他与他的良心放在一起，与他人分开。人若独自被交由良心审判，他就有祸了！因为到了那个时节，永恒要把他与他的良心放在有压力的地方。这时的压力，不像在世间那样，可以拿来当作借口，甚至当作胜利。不，永恒所要将他置于压力之下的，是叫人独自站立，毫无推诿的可能，孤零零的，一无所有。正如《诗篇》中所说，当外邦人争闹时，"那坐在天上的必发笑，主必嗤笑他们"（《诗篇》2:4）。

我不敢相信。似乎我们可以说，群众正在喧嚣喊叫，庆祝胜利，每个个体，正在一个一个地赶到那扰攘的地方，因为人若要忘记而逃避永恒，那地方自是好的。同时，群众向上帝开玩笑，他们高声大叫说，“看吧，你现在能抓住我们吗?”在群众的混乱中，当然很难分辨个人，正如在树林中不易分辨出不同的树木一般。然而严肃的永恒静静地等待着。历世历代在世上生存过的人若都起来成群结队，想要兴风作浪来反对永恒，想借伟大群众的势力来胁迫它，那么永恒就可以稳如泰山般把他们驱散，好像驱散泡沫似的贱民，好像疾风扬去糠秕一般。永恒驱散群众虽然如此容易，但结局却有不同。风扬糠秕，是把它们卷作一团。永恒驱散群众，是以无限重负加之于每一个人，使他感到自身的负担。因为永恒中的最高幸福，也是人心中最深沉的考虑。那最蒙福的安乐，也是那最叫人惊心丧胆的责任。

在永恒的国度，有众多的房间，足以使每个人被单独安置。良心所在之处——良心在哪里，个人就必在那里——即人在永恒中的一间寂寞囹圄，抑或为蒙福的救恩之所。正因如此，人知道自己是“个体”的那种意识，是人心中的基本意识，也是他的永恒意识。他若牢记他自己是“个体”，那论断的最后与最高责任是单独放在他的身上，他就不敢轻率地去下论断。即使是那最可靠的朋友，若把他当作一个公正无私的观察者去执行判断，他仍难免将那至关重要的事遗漏。作为直接涉及的这一方，即在这件事中被良心直接称为“你”的人，却是另一回事。因为良心的劝告方式，他只对你的朋友直接以“你”称谓。这样一个肯用心思想的人，不愿在许许多多的事上加以论断，正因如此，帮助他的唯有志于一事。他认为住在一个热闹拥挤的城市，未必是一件好事，因为城市中的交往频繁迅速，每个人都容易对各种事物作出匆忙而肤浅的判断。他反而看这种苟且容易之举是一种试探和陷阱，所以他要学习纯挚真诚，好叫他作为个体去关切自己的永恒责任。

罗马古谚云：“人若保持沉默，愚人也可成为智者。”事实诚然如此，因为沉默不但不会流露一个人的愚蠢，同时也因为他的自制，可以助他意识到自己是个体，阻止他去附和群众的意见。抑或他自己有了一个意见，沉默会使他不致匆忙怂恿群众去采纳这个意见。那意识到自己是个体的人，就有一种见识，能从反面去察看万事。他的思想因熟习了永恒的真理，就能见到人生各事的另一面。那暂时的事，更别说永恒，到下一刻就成了无聊和虚妄：例如那如火般的一时情欲（有什么比欲火更强烈呢！），事过境迁之后，就成为可厌的追忆了；又如眼前的忿怒、报复和情欲，那发泄的满足虽然好像无法抗拒，但事后回忆，都是可怖的。那忿怒、报复和欲火中烧的人，在他冲动的片刻，他自己想是得了报偿。但当他再次想起复仇之举的时候，他会感到厌憎，因为他见到自己复仇时，正是丧失自己之际。只就眼前刹那来看，似乎是颇有益处的。但到了下一刻就感到受骗，从永恒的角度看，就要后悔莫及了。一切当下的事都是如此，因而群众的意见，或置身于群众中成为一分子，若是当下的，也无不如此。

各位听众，你现在是这样生活，能清楚地、永恒地意识到你是个体吗？这就是本讲演所要问的问题，或毋宁说，你若积极思考一下，这就是你要查问自己的问题。本讲演固然不当只告诉你这搅扰你心思的话，纵令许多人都深信，人总应处在这种意识激动的状态。本讲演也并不在意多少人有同样的信念。讲者无意来促使你们获得这信念，虽然他自己通常是如此持守的。他之不想勉强你们，正如同你们有着这种信念，也不想强加于他一样。因为永恒的至高纯诚，既不要群众的称许，也不要口才的推荐。有一事，本讲演不敢应许你们，也不想用来侮辱你们。若你们进入并持守这一信念，本讲演并不敢应许你们世上的利益。反之，若你们毅然加入，倒会使你们的生活多受负累，甚至感到困乏。若你们毅然加入，许多人就要以你们为笑柄，更不消说这份坚毅会要求你们担当许多更大的牺牲。若你们毅然坚持这种信念，那讥笑自然不足以扰乱你们的心。也许讥笑反倒要变为你们的帮助，也就是说，它更证明你们是走上了正途。因为群众的论断有它的意义。一个人不当对此傲然不顾，却要小心加以留意。若他以后朝群众论断的反方向行，他大体上就做对了。或者，若他一开始即能逆群众的路径而行，且幸运地受到群众发表反对的批评，他就大致能确定，他把握了正确的事。这样，他就不只是在内心权衡过这信念，而且借着外人的讥笑，更得以考验他所信的。人的讥笑也许会刺伤他的心，但正是这刺伤，表明了他行在正途中，那正是荣誉和得胜之途。正如战士受伤，他的胸前不但带着伤痛，也挂着那荣誉勋章。

你们一定看见过有些小孩子，是大家所认为最勇敢的，对他父亲毫不畏惧，敢对众人说，“你们以为我是怕他吗?”反之，若是小孩子看到他们中间有一个是真怕他父亲的，他们就要笑话他。哀哉，当人们因畏惧而挤在一起（人为什么要挤在一起呢，还不是因为他一个人就害怕吗?)，他们就以不怕、甚至连上帝也不怕，当作勇气的标记。若有人看见他们一群人之外，另站着一个心存敬畏的人——不是惧怕群众而是敬畏上帝，他注定成为众人的笑柄。通常这讥笑是以稍加掩饰的口吻说：人当“爱”上帝（意思是不该怕上帝)。

当然，上帝知道，人的最大安慰是：上帝是爱，人是被准许爱他的。但我们不能太率直，以至于粗暴地、毫无虔敬地，把上帝所立和我们先祖所传下来的法度废弃，这法度就是，人应当敬畏上帝。这种敬畏的心，是那意识到自己是个体，亦意识到在上帝面前有永恒责任的人所拥有的。因为他知道，即使他今生能够借着种种逃避和推诿，好好混过一生，甚至能赚得全世界，然而到了来世，他就再无躲避之处，正如在炎热的旷野沙漠中，没有荫凉之处一般。

本讲演不想再继续深入这个话题。只是要再三问你，你现在的生活是否使你清楚地意识到自己是个体，随之意识到你在上帝面前的永恒责任？你是否这样生活着，使得这种意识能获得时间、沉稳和行动的自由，贯穿在你人生的各种关系中？这并不要求你逃避人世，抛弃体面的职业，离开幸福的家庭。反之，正是这种意识，要把你在人生关系中所应做的，加以支持、澄清和照亮。你不该逃避，坐在那里思索你在永恒中如何交账的问题。这样做只是增加了你要交账的事。一方面，你能得到充裕的时间，去履行你的本分和事业。另一方面，你对于永恒责任的关切，可以防止你的匆忙，忙于万事——老实说这种忙忙碌碌，无非耗费光阴罢了。

第十四讲　志于一事与职业责任

“我必须做什么呢?”这实在是一个根本性的问题。因为既然只有一事是必要的，而本讲演的主题就是要志于一事，所以作为个体在至高者面前认识自己的永恒责任，就是那件必要的事。现在要进一步问及的是，你的职业是什么？这并非盘问你职业的高低贵贱，你是君王还是一个劳工。也不按照商人的说法，问你赚多少钱，或是否声名显赫。这些事是社会群众所询问谈论的。但不管你的职业高低贵贱，它是否那种职业，叫你敢于把它跟你对永恒的责任连在一起？那种职业是否叫你敢在此时此刻承认，也敢随时随刻承认？假如有最可怕的事发生：你所住的那城突然如在南方的那些城市（即所多玛和蛾摩拉）一样遭到毁灭，万事都归于无有，各人停息在他所选择的岗位上。但假如对于这事的来临，我们没有那“与当时的习惯风俗和谐无间”的借口推诿，也没有那种后世为我们遮羞所用的托词，我们将会怎么办！或者更严重的，设想有一个素来受你们敬重的已故伟人，逢时遇节你们追忆他时都热闹喧嚣，献上花果，若他再来到你们中间，你在他炯炯的双目之前，还敢继续你现在所行的吗？你是否惯于这种思想呢？然而他正是那位已经改变形象的人，他可能很愿意在死后为世人服务，寻访每一个人。世人所做的，一定令这些死去的伟人厌烦，若在他们那蒙福之地，看见这些轻浮的群众所献给他们的，是只有蠢人才喜欢的待遇：以喧嚣叫嚷，拍手喝彩，对他们表示崇敬。不要以为那死了的、改变了形象的人，是变成了一个贵族。反之，他现在是更加谦卑，对各人更加有同情心。所以当他如长官一样来巡访每一个人时，他不会蔑弃最卑微职守的人，只要这职业是真值得崇敬的。因为在他所住的永恒国度，一切细微差别都没有了。但那改变了形象的人，如永恒一样，不喜欢群众，只喜欢个人。正因如此，若你由于自己的职业被世人轻看而感到羞耻的话，那改变了形象的人来访问你个人时，必会赐你勇敢，叫你坦然面对事实。那改变了形象的人来访问你个人时，固然给你那坦然的勇气——但我现在要说什么呢？你若积极地思想这席话的意义，你就会作为个体，站在一位更崇高者面前，他更能体贴人情，知道你职业的卑微，可是也更能无限单纯地体会到你所做的是真正光荣的。

在职业中你的态度如何？你如何从事你的工作呢？你是否已立定心志，知道你的职业是上帝呼召你做的，因而不必凭事业的结果来作解释——要是结果不好，或是费力而不见成功，就说你的职业不是真正的呼召？唉！这种轻浮不定，很能削弱人的意志，所以你必须坚忍。靠上帝的帮助和你自己的忠信，必能从你那不见得顺利的事业开端中有所成就。因为任何事业都有个开端，凡是与上帝一同开工的，那就是良好的开端。你若与上帝一同开工，就没有一天是错的，也没有一天是没有前途的。

你是否因为自己事业顺利，因为它马上有功效，甚至有大功效，就受到蒙骗，以为自己是蒙了恩召呢？唉，世人总是说，甚至那些自以为虔诚的人也常说，“要证明一个人的工作是否正当，就看他是否能做下去”。似乎因为一个人能硬着心肠，忍心做各样的事而无动于衷，就以为那是他所当做的。又好像因为那厚颜无耻的人，能将他心中最狠毒的凶恶行为做出来，就以为那是他所当做的！其实不然，不良的后果并不足以推翻一个有信心的人对其召命的确信，良好的效果也不足以证明他是蒙召做那事。

你履行你的职务时，是一心一意，还是因为你想要迎合众人的意思而总是三心二意呢？你是稳稳站立于你的志向之后，不顽固，不沉郁，总是关切着永恒吗？即使在各个方面，条件已经改变，而你仍然始终如一，坚持这相同的事业吗？你可曾想到，至善无异于黄金，代价有时太重吗？是否有任何利益，任何名声，任何关系，是你舍不得的，甚至为了至善也舍不得呢？还有什么处高位的人或处低位的人的称赞，比你这个坚定的志向更重要吗？若你认为至善须付任何代价，那么你看见人只付低微的代价，而你自己付了昂贵的重价，你会心怀嫉妒吗？那你岂不是忘记了，至善须付任何代价吗？若你的努力成功，你是否仍意识到你是一个无用的仆人；赏赐并不影响你，你并不因蒙了赏赐，就以为是有用了；同时厄运、不幸也并不影响你，因为这只是表明你无权要求什么，那岂不是你所抱愧承认的事吗？不要心存疑惑，在心中隐藏什么，似乎你想事情不是这样发生，好叫你自己可能猎取那赏赐如掳物，能为此自行邀功，能直达目的；好像你想厄运不会临到你，因为它制止了你心中的自私，你的私心虽被抑制，你却仍懵然无知地想着，若幸运的话，你要做些好事，得人的称赞。总不要忘记，一个虔诚聪明的人，当厄运、不幸临到时，从不想逃避它，因为他知道逆境来临或许于他有益。总不要忘记，一个虔诚聪明的人，终能有一个时候，得到最美丽荣誉的胜利，那迫害他的当权者要释放他时，他却要对他说：“我不愿意无条件被释放，因为我不能确知逼迫是于我无益的。”你是否出于惧怕受罚才志于至善，以致你虽在志于至善时，还是愁眉不展，在你夜里做梦时，还想不受惩罚，因而正好露出你没有向善的决心；而你在白日梦中，则妄想人能拿奴颜婢膝的心来侍奉至善？呀，至善并非一个难伺候的主人，今天要你做这个，明天又要你做那个。至善所要的，始终是一件事。不过它要严密审查你的至诚，看你是否确具诚意！

现在来谈谈你所用的手段。你采用什么手段来推行你的工作？你是否视手段和目的一样重要？若非如此，你就不能单单志于一事。若手段与目的不一致，则会用不负责、轻浮、自私和各种混杂不纯的手段，因而产生混乱和腐败。就永恒来说，只有一个手段，一个目的：手段与目的是同一件事，是一而非二。只有一个目的：纯粹的善；只有一种手段：唯用那纯粹是善的手段——而纯粹的善正是目的。在世上，在时间次序上，人把目的与手段分开先后，并看目的比手段更重要。人总想到目的是主要的事，人都应当努力达到它。至于手段，则不必太认真。可是实际不然，以不择手段的方法达到目的，那是一种没有忍耐的不圣洁行为。凭永恒来判断目的与手段的关系，手段恰恰也必须认真。

假如有人在今生立定一个目标，努力追求，可是至终未能达到，从永恒来看，也许那人是无可谴责的，或者他还值得称赞。也许是由于天命，或是被无法控制的厄运阻止，使他不能达到目的，这样，他就完全无可谴责。他也许是因为不愿用那永恒所不许可的手段去达到他的目的。若是这样，他就因着能摒弃他那急躁之情和狡猾的取巧而值得称赞。所以从永恒的角度来判断，人在今生未曾达到目标，可以不负其责。但他永远要对所采用的手段负责，无一例外。若人定志只用那纯粹是善的手段，那么凭永恒的判断，他已经达到了目标。若用那不法或可疑的手段来作为达成目的的理由和借口，唉，假使他明天就死了呢？这样，这个聪明人就只好自作自受。他用了那不法的手段，而他在达到目标之前就死了。达到目标是在终结时才算起，而使用手段则在开始时就算起了。达到目标如同射弹中的；使用手段如同选择目标。自然是人所志的目标比他所射中的那个红点，更能代表射击者的志趣。因为很可能，目标是偶然射中而已。若子弹不出壳，射击的人也可不负其责。然而所志目标不正，却是绝无可恕的。就世俗人情而论，目的相较手段更为重要，这是确定无疑的。因此有一件事就成了那急促之人的苦痛，若走到极端，能使他夜不能寐，甚至发疯，也就是说，他无法控制时间，没有一次不迟到，哪怕只是迟到半小时。而更坏的是，既然是受世上情欲支配，实在地说，那搭救急促的人脱离疯狂的，就不是他的智慧，而只是他的懈怠之心。从另一方面来说，永恒的安慰福赐，对志于永恒的人，却如舒适的睡眠，正如《箴言》25:13所说的，“在收割时有冰雪的凉气”。看手段与目的一致且同等重要的人从不会迟到。永恒不对今世的成果感到稀罕而不耐烦。正因如此，手段与目的同样重要，没有例外。对那顺从世上情欲的人，我这些话必然使他们震惊和瘫痪。良心最能使他们瘫痪。因为良心果真是“一个羞赧而天真的灵，它在人胸中激起骚动，而令人困难满怀”，这正是由于良心看手段与目的同样重要，没有例外。

亲爱的听众，我们所假定为荣誉良善的职业，你在从事的时候，是否视手段与目的同样重要呢？还是你竟头昏目眩，看到目标的伟大，而以为采取不法手段也无关紧要？唉，这种昏眩在永恒中是最少有的：永恒总是通明透亮的！你以为只要成就伟大，就可以不必追问小过了吗？你以为既是小过，就等于不存在了吗？但就责任而言，小的过错比大的成就还重要些！你觉得那产生伟大作品的方法无关紧要吗？不错，关于伟大作品，也许正是如此。但你曾否想过，那作家并不敢不留心，他是虔心诚意奉献能力去侍奉神，或只是在诸般哗然灼热的罪恶中，灰心丧志地偶尔产生一部杰作而已？

若这思想不使你头昏目眩，你仍然沉着机敏的话，你是否在各方面关心你所采用的手段呢？若一个青年人（他也是一个羞赧而天真的灵）向你请教，你是否敢于向他全盘托出、毫无隐藏呢？在你整个行为中，你是否没有什么事不能让他知道呢？（我只能用下列简单的方法来说明这些事）是否有些事你满以为对年长如你的人，是聪明机智，值得钦赞的，但是很奇怪，若把这些事告诉青年人，就会叫他面红耳赤，感到羞惭；他所羞惭的，不是你的明智，而是你不够伟大，未能加以鄙视这聪明的作风？也许你借着谀辞而取信于人，隐藏一些事情来赢得种种便利，说一些不真实的话来使你的生意兴隆，把一些虚假的事拼凑起来以促进你的事业。也许你是基于人们的误解来受人钦赞，或靠聪明诡计、卖弄乖巧获取财富权势。在你整个行为中，明处暗处，难道不是有些事，不管付任何代价，你都不想让那青年人发现吗？（你这样看那青年人，想保持他的纯洁，诚然是一件美事！）不是有什么犯错的事，你愿承认你自己有错，因而不管付任何代价，你都不肯坦诚告诉那青年人吗？然而正如我已经说过的，你若积极思想这席话的意义，就会看见你在一个更高审判者面前站着，他比那最纯洁天真的青年人所判断的，不知更纯洁多少倍。他是那样的一个审判者，叫你无法隐藏你的过失，因为他已经知道你的一切。

现在我要问，你对别人的态度如何？你是因为只志于一事而表里如一吗？或者你是喜争辩、好结党，总是举手反对别人，而别人亦举手反对你呢？你自己所愿的，也愿大家都有吗？或者你希望为自己和属自己的人取得那最高最美的呢？或者你总是想到，凡你和属你的人所想要的，都必是那最高最美的呢？你是因为只志于一事，而以你所愿意别人来待你那样去待人吗？因为这种意愿，即是支配万事万物的永恒秩序，它使你与古人志气相合，使你与从未谋面的人合一，使你与那语言风俗不同的外国人相契，使你与全世界所有人相处融洽，这一切人都是血肉相连，而且因着那志于一事的永恒大业，而与上帝在永恒中彼此联系。你是想在别人以外，另有一条法则为你和属你的人而设吗？你是想在人人都赖以得安慰的事以外，另有一种使你得安慰的事吗？

若有一日，一个君王和一个乞丐，以及一个和你自己一样的人来看你。在他们面前，你是否敢于坦然承认你在世上所欲求的，你所赖以得安慰的事，并知道即使你地位卑微，那尊贵的君王也不至于藐视你，那乞丐也不因他没有得着同样的安慰而跑开，心生妒忌，知道那像你自己的人会因你的坦诚而感到高兴？呀，在世上有所谓派系之争。这派系之争是很危险的，因为它引起分裂。它因排斥普通公民，或排斥贵族，或排斥公务人员，引起分裂。它因排斥君王，或排斥乞丐，或排斥哲人，或排斥百姓，引起分裂。所以派系之争真是人类的公敌。然而单单志于一事，纯粹志于至善，作为个体去紧紧抓住上帝，这些事是人人都能去做的，这样做，就将各色人等都联成一体。即使你身陷囹圄，远离众人，或独处荒岛，与禽兽为伴，只要你真志于至善，紧紧抓住上帝，你就仍是与众人一体的。你若这样，即使大难临头（因为信仰的造就，不应像女人的妆饰一样，只是为了一时的荣美），即使你被活埋，在棺材中醒来时，你仍能拥有你平素所有的那种安慰，即使处于凄凉的灾祸中，你仍是与众人一体的，并不孤独。这是你现在所取的态度吗？还是你存一种特权思想，自以为有一种特殊才能，以为你自己或你们这群人是独得上天的眷顾，导致一种虚荣心，以为你可以借着这些去自行慰藉，却不敢告诉人你这种安慰的来源？因此你周济贫穷人，让他得到一点安慰，但你却私自存着更多的安慰。诚然你是给了贫穷人安慰，却也是在借以下事实安慰自己：你的财富足以保证你不至于贫穷。你帮助那些老实人解决困难，却是为着自己取得更大的安慰；自以为才能出众，总不至于明早醒来，发现你是全地最愚蠢的人。你想教导那青年人，却不肯推心置腹，因你暗藏秘密。而因着你这种秘密，就欺瞒那青年人，不把人生最高尚的事教导他，同时也欺骗了你自己，不肯把天地间最高尚的事让自己知道！

现在再来谈谈那受苦的人。问题不在于他的健康状况。本讲演不是要在这方面表示同情。啊，若你积极思想这番话的宗旨，借着上帝的同在，你就能叫自己超越人的同情，那样你就不会可怜巴巴地去渴望得到同情了。超越人的同情虽然很少见，但若这一点对你完全得到证实（你可以如此期待），你就会怀着愉悦坦诚的心为此献上感恩。你表示感谢，当然毋需像乞丐那样卑躬屈膝，上帝不许可这样做。若人不给予你同情，那是因为他害怕，他自私胆怯，躲避你，是的，甚至近乎厌憎你，因为他不敢想到你的患难，于是你就能感到根本不需要同情。你也不要因人的缺乏同情而心中难过，上帝必然会看顾此事。那么我要问你（或者你要因这番话而问你自己），你现在是否过着单单志于一事的生活？我无意担任评判员。我不是要判断任何人，断乎不是。甚至圣经也对不幸的人存着特别的怜悯之心。其实本讲演关切那受苦者，是尤为适宜的，正如世人奉承有权有势的名人一样。本讲演不是盘问，或是匆促地把你所受的苦一一列举出来，或是你连续不断地受了多少年的苦，医生和牧者如何顾念你，他们所给你此世的希望是什么。啊，虚妄之心，有时也可以将受苦当作一种凭借，去邀请别人对自己予以关心。

因此，你自己借着这番话问自己吧。那受苦的人，应当私下省察，问自己所有的是哪种人生观，是否真志于一事；

这样，他就不至于把自己所知道最好的提诉出来，从而把自己与人互相比较。因为一切比较都是有损伤的，而且是邪恶的。你现在是否单单志于一事？须知道，若你单单志于一事的唯一原因，是只有这样你才能得以免除苦痛，那么你就不是单单志于一事。即使你设法叫自己麻木，灭除愿望，好使你脱离渴望成为一个人，热爱生活，爱慕幸福所带来的痛苦，你仍然不是单单志于一事。目前你在苦难中的情况如何呢？医生和牧者所问的是关于你的身体健康，而永恒却要你本人对自己的境况负责。你现在是在急躁中，轻率或迷信地起伏不定呢？还是灰心丧志、麻木不仁呢？或者你是甘受万苦好让永恒者来安慰你？你的心情是否随时改变呢？也许你开始的时候心情还好，但后来越来越不耐烦？或者你起初不肯忍耐，由于苦痛而逐渐生出耐心？唉，也许年复一年，你的苦痛始终没有改变，即使有所改变，也只不过让医生与牧者来作一些记录而已。唉，也许那单调而无改变的苦痛，似乎使你感到你在爬向死亡。但当你的医生、牧者和朋友都感觉不到有什么改变，我却要问你，在那毫无改变的压迫下，你是否感到一种无限的改变呢？这并非指你肉身苦痛的改变（因为肉身苦痛即使有改变，也不过是有限的改变），而是指你内心的改变，在你心中的那种无限改变，是出于善而进于更善。若有人描述你经年那种内心的改变，他是否敢用使徒保罗的话说，“患难生忍耐，忍耐生老练，老练生盼望”（《罗马书》5:3，4）呢？他是否敢在你墓旁说，“他已得着了那永不羞愧的指望”呢？在你墓旁，他是否不像前面所描述的那样，含糊地祷告说：“感谢主，这受苦者得以安然死去了”，而是敢于坦然、由衷地说，如同在英雄的坟墓旁边一般，“这人的一生虽是苦痛，然而他却使许多人感到羞愧”？在永恒的国度，总不问人生的苦痛，恰如不问一个王者的紫袍。在永恒中，作为个体，你会被查问的只是你的信心和忠实，绝不会被查问托付给你的是多是少，给了你的是多少银子，你是否曾负一百磅的重担。你要被问到的，只是你的信心和忠实。在世上，人所要问的是别的东西。世人特别要问一个人有多高的地位，若地位很高，人就为其飞黄腾达而震惊，却忘记追问他的忠信之心。若地位低微，就没有人要听关于他的事，既不问他的负担，也不问他的忠实。永恒所问的，只是人的忠实，不管对君王还是对那极可怜的受苦者，它一样迫切地追问这一点。受托甚少，不足为托词，也不足以回答那关于忠实的问题。永恒者的慈心当然知道人的苦痛可以成为他的试探，却也知道它可以作为他的引导。正如《传道书》7:3 所说：“忧愁强如喜笑；因为面带愁容，终必使心喜乐。”这种内心的改变，是永恒所要问的，它不管人身体上的苦痛有没有改变。内心的改变既为永恒所要究问的，所以，若你积极思量我这番话的宗旨，就会拿这事来问你自己。若你心中还没有这种改变，那么自己是否真的改变了这个问题，必有助于带来这种改变。人的同情心，不管如何不遗余力地嘘寒问暖，也不能改变你的苦痛。若你把永恒的问题真诚地摆在上帝面前，它就有改变你苦痛的可能。我这席话，几乎像是有意促你培德励行。然而为着尊敬你的缘故，我若有一点逼你的意思，我们的谈话就会变为难堪。你自己最清楚，若你向自己提出这个问题，你就必须给一个答案，回答你自己现在是否过着这种生活。

第十五讲　结论：人与永恒者

这就是以上所谈的主题。但是亲爱的听众，如果每个人，包括你我在内，都得承认我们离这种生活很远，远不曾清心志于一事；如果我们必须承认，这些问题需要一个答案，而在另一种意义上，为了避免任何欺骗，实不需要一个回答，因为它们虽是以问题的形式提出，实际上却变成了一种控诉来谴责我们；那么你我每个人是否都得回答说，“不错，我们的生活与别人大致雷同”？那我们在这个时候，怎能再来一遍，重提躲在众人之中的逃避呢？因为凡是有许多人在一起的地方，就总有表面、比较、姑息、推诿和逃避。我们既知道逃避的害处，难道终归还要靠它来躲藏吗？难道我们要以大家所遭的灾祸来自我解嘲吗？唉，即使是在今世，拿大家要遭的灾祸来安慰自己，仍然是件可疑的事，更何况在永恒中，灾祸并不能由大家来承当呢？在永恒中，你我每个人都是只凭各人的立场而受究问，所究问的，又是他一生的个别事件。亲爱的听众，若我这番话讲得不好，在那里你必不被问及此事；曾经做我师傅的每个人也都不会被问及此事。因为若他曾说了虚谎的话，他就要为此被质问，而我要为自己从别人那里学得虚谎的东西负责。再者，也并不是我所认识的任何人都要去作答。若他败坏了他所认识的人，他就要被究问，我却要作答，我为何结交了这样一个败坏人的人，而没有避免和他来往，以致叫我自己被败坏。若我讲得不好，并就我讲得不好的程度，我将无可推诿地按照个人的责任被究问。因为在永恒中，根本没有大家担当灾祸之说。在永恒的国度，每一个人，包括你我在内，都只是按照各人自己的立场被究问，而且要被问及他一生中的个别细节。

若我这番话说的是真理，我就必不被问及这事。我不会被问及，是否赢得了一些人的悔改（相反，我很可能要被问及，我曾否想过我是靠自己的努力做了一点叫人悔改的事）；我不会被问及，我讲这番话曾否得到什么世上的利益（相反，我很可能要被问及，我曾否有过想靠自己的力量去得什么利益的念头）；我不会被问及，我这番话产生了某种结果，还是全无功效，或者我所得的成果，只是失败与别人对我的侮辱。永恒必不问我这一切没有意义的问题。在世上的时光中，人不知道是非真假，因而可以被混乱，人不知哪个问题重要，哪个问题是儿戏，特别因为他每逢听到那真的问题一次，就听到那愚昧的问题一千次。反之，永恒能够明智地分辨一切；但事情显然并不因此就变得简单容易，危险的严重性倒只有加深了。因为在永恒中，丝毫没有大众承当共同危险灾祸的事：亲爱的听众，在永恒的国度，每一个人，包括你我在内，都是作为个体被质问，只被问及关于各人自身和他一生中的各个行动。若我这番话真能反映一些人生的真理，若是所赋予我的才能与时机，幸好保证我能表达出来；然而我们也可假设，讲演时的情况并不利于我这样做。若是如此，则永恒必不说长道短地去盘问这种情况。若我老是闭口不说，则永恒将令我个人负责说明此事。在世人中间，若我们的任务是明哲保身，以世上的机灵来评判，那么不仅不利的环境是我们缄默的理由，而且缄默也应当被视为聪明而得到称赞。一到情况有利时，大家就都来开口谈话。反之，在永恒的国度，情况越是困难，人发言的责任越是加重。困难正赋予人发言的使命。就永恒而论，各人只需被问：是否他曾知道情况不利，是否在这种情况下，他竟敢始终闭口不言，他的无言（俗语所谓不言即是默认）造成一种更不利于真理的情况。就永恒而论，情况概不予人一种躲藏或逃避的机会，他必按他个人的身份被究问，而情势的困难却要使他的处分加倍。至于保持缄默不言，并不像人睡去一般，认为人一睡去就无罪。可是，在这世上，个人曾因缄默不言而给自己惹来大祸。这过错不在于他未曾改变时势；过错在于他的缄默不言出于乖巧聪明，而不是出于所当有的明达审慎。

若是究问成了对我们的控诉，我们该怎么办呢？尤其是每个人都要作为个体来向上帝负责。每个人都得屈膝于个体性的严厉裁判之下。这岂不是人向牧者认罪的正当目的吗？正如在那冷清的教会墓地中，“一群死人鲜能构成一个团体”，同样，那前来认罪的一群，也鲜能成为一个团体；甚至君王去单独认罪，也不是因为要避免与众人合在一起。那些前来认罪的，不能成为一个认罪的集团；各人是独自站在上帝面前。夫妻可以很恩爱地携手同去认罪，但认罪时仍是各自分开的。认罪的人不是作为团体的一员，只是作为个体站在上帝面前认罪。他若作为个体，借着内心微小声音的帮助，承认了那些问题无非是对他的控诉，那即是他的悔罪。人不是忏悔功劳成绩，却是忏悔他的各种罪。人认罪时，立刻看出自己没有功绩。他明白一切功绩成就都无非是狂想和欺骗，那真的只是人在群众中出头露面，与别人谈话时最爱炫耀的东西。他看出正由于一个人不曾成为一个个体，才容易视自己为一个颇有功绩者。但认罪的目的，自然不是叫人只在认罪时感到自己是个体，而在其余时候缺乏这种觉悟。反之，人在认罪时，却要作为个体为自己的人生交账。人若在日常生活中没有这种个体意识的自觉，现在临认罪时要求自己有这种自觉，当然是自相矛盾了。这就好像对一个卑微的人物，要求他对他自己并对上帝诉说他曾如同君王般生活——但他从不曾是君王。同样，要求一个从未感到自己是个体的人，去按照个体的意识为他一生的行为交账，也是如此矛盾。

亲爱的听众，你还记得这番话是怎样开始的吗？让我再来提醒你一下。是的，世上万物都有定时；但在永恒者那里，任何时候无不是好的。若在某人的生活中偶有一时不好，永恒者就会换上另一个名称出现，所以再次获得机会。这个就是悔改的机会。人在今生既然不会完全，每个人都有他的软弱，所以上帝就在人生的旅程中，安排两个伴侣，一个推他向前，一个叫他向后。但悔改的呼声总是于人生的最后一息临到。所以认罪总是在最后时刻，但不能说，那是出于仓促或莽撞。因为认罪是圣洁行为，须全心全意才行。全心全意就是收敛心志，不为外事分心，不为别种关系所扰，好集中于对上帝负责的个体心灵的本位上。这样的心灵才是既不分心，因而也不与任何别人比较。人一比较，就不免或者由于感到他自己落在别人之后，因而陷于世俗的灰心；或者由于他似乎赶在许多人的前面，因而感到骄傲。

若那认罪的人摆脱了各种关系，能专心于他作为个体与自己的关系，则关于那最后时刻的真正尽头会有一种新的表现。因着这一种新的感觉，他对他通常所处的每一种关系都负起了责任，不再存互相比较之念。人越存心比较，就越以为仍有许多时间。人越存心比较，就越加懒散，生活也变得更可怜。然而人若抛弃一切比较，永不顾及，作为个体站在上帝面前认罪——到这时，他就不再存比较之心，正如清心对他的要求是抛弃任何比较一样。清心是上帝要求于人的，悔罪的人若到上帝面前，也是这样要求他自己的。人认自己的罪，正是为此。认罪的途径和时间或许沉重，但悔罪者却因此得到永恒。他因认罪就更感到他是独自一人，而且更努力地真志于一事。这个感觉是狭径与窄门。众人彼此模仿共相趋走的路，不是这条窄路。不，这所谓狭窄的意义，就是各人必须成为一个个体，穿过针眼，独自向着窄路迈进，在那路上没有因比较而来的冷淡，在那路上比较的心也无法残害人。反之，那宽路之所以宽，是因为人人都走。群众所走的路总是宽的。宽路两旁都开着那含着毒素能害人的“推诿”之花，到处都有那向人招手的藏躲逃避之所。“比较”

也向人欢送一阵凉气。这条宽路不是引向永生。

只有单独的个体才能真志于至善。即使认罪的人负重辛劳，不但在最后认罪时有许多问题摆在面前来控诉自己，而且在每日悔改认罪时也是如此，然而所走的那条路却是对的。因为在那条路上，他回应了那要求清心志于一事的呼召。

亲爱的听众，关于认罪的事，你所知道的，必然比这里所提出的还要多些，你连认罪后的下一件事也知道。虽然如此，我这番话若使你停顿一下，叫你对所知很多的事停顿一下，也就不算徒然了。但切不要忘记，那最可怖的事是人“活着受欺骗，受的骗又不是他所预期的（唉，正因如此，他就受了大骗），却是因为他所知道得太多而受骗”。要知道，今日的讲员有一个特别大的危险，那就是他要赶快抛开个人问题不谈，以便可以说到许多许多的事，好让人不会猜测他不知道在一个基督教国家中人人所知道的事。唉，只有上帝知道个人对这事的认识究竟如何。若一个人总是往前走，以致人说他从不停顿，于是必又有人说他，在他的思想中没有一点可以叫他停顿之处，这于人有什么益处呢？其实，停顿并非懒惰的歇息。它是动作，它是心灵内在的动作，停顿是使人内心深刻化。人若径直往前走而不加凝思，就是走向肤浅之途。这样，人就不能达到志于一事。在某个时候毅然停下来，再进发时，又肯停顿思索，只有这样，他才能志于一事。因为清心即在志于一事。

天父啊，人若没有你，算得了什么呢？人若不认识你，他所知道的算得了什么呢？虽然他储备浩瀚的知识，也不过是一点琐屑微末而已！即使他所有的努力能包罗万象，若是不认识你，仍然是功亏一篑。

独一的永恒者啊，你是一，你也是一切！愿你赐我们的理性以智慧，得以领会这个“一事”，并赐我们的情感以真诚，得以接受这种领会；更赐我们的意志以清心，得以志于一事。在顺境中，赐坚毅的心，使我们志于一事；在纷乱中，赐专注的心，使我们志于一事；在苦难中，赐忍耐的心，使我们志于一事。

创始成终的上主啊，红日初升，求你使少年人，决心志于一事。黄昏日暮，求你使老年人，重新忆起他早年所下的决心，使他始终如一，毕生志于一事。可叹的是，人总达不到志于一事，往往中途横生阻拦。罪在中途拦阻我们。每日总有一些东西来拦阻：拖延、阻挡、干扰、迷惑、败坏等等。如今趁着悔罪的时候，求你再次赐下勇气，使我们志于一事。诚然，这会打断我们的日常生活，但悔罪的人独自在你面前忏悔自责时（只有在忏悔时，那劳苦担重担的人才能认罪而得安息），我们就放下我们的工作，好像是得到了一日安息。这诚然打断了日常生活，但只有这样，才能叫人探本溯源，将那为罪所破碎、分裂的一切，重新组织密缝起来，以便用悔过之心去挽回那丧失的光阴，用殷切之意去完成那摆在前面的工作。

创始成终的永在者啊，人凭着如火焚烧的愿望和果敢的决心，无法赢取胜利。求你在人忧愁悔改时，把他所需要的胜利赐给他：那就是单单志于一事。

图书在版编目(CIP)数据

清心志于一事/(丹)祁克果著;谢秉德译.—上海:上海三联书店
2021.11 重印
ISBN 978-7-5426-5796-1

Ⅰ.①清… Ⅱ.①祁… ②谢… Ⅲ.①伦理学-通俗读物
Ⅳ.①B82-49

中国版本图书馆 CIP 数据核字(2017)第 006316 号

清心志于一事

著　　者/祁克果
译　　者/谢秉德

合作出版/橡树文字工作室
特约编辑/刘　峣
责任编辑/邱　红
装帧设计/徐　徐
监　　制/姚　军
责任校对/王凌霄

出版发行/上海三联书店
(200030)中国上海市漕溪北路 331 号 A 座 6 楼
邮购电话/021-22895540
印　　刷/上海展强印刷有限公司

版　　次/2021 年 6 月第 1 版
印　　次/2021 年 11 月第 2 次印刷
开　　本/787×1092　1/32
字　　数/140 千字
印　　张/7.375
书　　号/ISBN 978-7-5426-5796-1/B·508
定　　价/58.00 元

敬启读者,如发现本书有印装质量问题,请与印刷厂联系 021-66366565